高等院校艺术设计类系列教材

室内环境设计
（微课版）

刘晖　王静　张扬　编著

清华大学出版社

北京

内 容 简 介

室内环境设计是艺术设计专业开设的一门专业必修课程，作为一门实用性很强的应用型学科，加强实践教学环节，提高学生实践能力显得尤为重要。本书共分12章，从室内设计的学科背景、学习目标入手，全方位地介绍了室内设计的理论与实践问题，用理论与实际案例相结合的方法，介绍了室内环境设计的含义及要素、室内环境设计的发展历史及风格、室内绿化设计、人体工程学知识、室内空间与界面设计、室内空间的分类和分隔、室内环境的色彩和照明设计、室内家具与陈设、室内环境材料设计及设计思维方法的创新等内容。

本书内容翔实、语言简练、思路清晰、图文并茂、深入浅出、理论与实际设计相结合，通过大量的实例对室内设计进行了比较全面的介绍。本书适合高等院校相关专业本科生、研究生，以及从事室内设计领域相关专业的读者使用。

图书在版编目(CIP)数据

室内环境设计：微课版/刘晖，王静，张扬编著. —北京：清华大学出版社，2022.6
高等院校艺术设计类系列教材
ISBN 978-7-302-60182-1

Ⅰ．①室… Ⅱ．①刘… ②王… ③张… Ⅲ．①室内装饰设计—环境设计—高等学校—教材 Ⅳ．①TU238.2

中国版本图书馆CIP数据核字(2022)第030954号

责任编辑：孙晓红
装帧设计：李　坤
责任校对：周剑云
责任印制：丛怀宇

出版发行：清华大学出版社
　　　　　网　　　址：http://www.tup.com.cn，http://www.wqbook.com
　　　　　地　　　址：北京清华大学学研大厦A座　　　　邮　　编：100084
　　　　　社 总 机：010-83470000　　　　邮　　购：010-62786544
　　　　　投稿与读者服务：010-62776969，c-service@tup.tsinghua.edu.cn
　　　　　质量反馈：010-62772015，zhiliang@tup.tsinghua.edu.cn
印 装 者：三河市铭诚印务有限公司
经　　销：全国新华书店
开　　本：190mm×260mm　　印　张：15.25　　字　数：371千字
版　　次：2022年6月第1版　　印　次：2022年6月第1次印刷
定　　价：78.00元

产品编号：089759-01

Preface 前 言

　　室内设计是建筑设计的有机组成部分，是建筑设计的延续和深化。一座好的建筑物的设计必须包含内、外空间设计两大部分，也就是说建筑设计创造总体的时空关系，而室内设计则是创造建筑内部的具体时空关系，实际上建筑设计为室内设计创造了条件，而室内设计需要加以调整、充实和发展。

　　现代室内设计，在设计、施工到使用的全过程中，都强调节省资源、节约能源、防止污染、这符合生态平衡以及可持续发展等具有时代特征的基本要求。

　　本书共分 12 章，具体内容如下。

　　第 1 章为室内设计的概述部分，阐述了室内设计的含义与要求、室内环境设计的要素，让读者有一个学习的总体框架及学习目标。

　　第 2 章为室内环境设计的历史与发展，了解室内设计的理论是进行实践活动的基础，因此，本章就室内环境设计的历史与发展进行了相关阐述。

　　第 3 章承接第 2 章的内容，对室内设计的风格进行了具体化的分析，如传统风格、现代风格、后现代风格等，为今后的学习奠定牢固的基础。

　　第 4 章主要是室内绿化设计，介绍了室内绿化的作用、室内绿化设计的基本原则及布置方式、室内绿化植物的分类及配置。

　　第 5 章主要介绍人体工程学，主要包括人体工程学与室内设计的关系、百分位的概念及影响人体尺度数据的因素等内容。

　　第 6 章主要介绍室内空间与界面设计，主要包括室内空间的概念与功能、室内空间的界面设计及其艺术处理等方面的知识。在学习过程中，要注意区分空间界面的共性特点和个性要求、室内界面设计的原则和要点，以运用于今后的具体设计。

　　第 7 章主要介绍了室内空间的分类和分隔，主要包括室内空间的类型和室内空间的分隔方式。

　　第 8 章对室内环境的色彩进行介绍，主要包括室内色彩设计的方法和色彩搭配在室内设计中的应用等内容。

　　第 9 章主要对室内环境的照明设计进行介绍，主要包括室内照明的基本要求、灯具的种类和选择。

　　第 10 章为室内家具与设计，讲述家具设计的风格和特点，总结常用的室内陈设品及陈设方法。

　　第 11 章为室内环境材料设计，详述了室内装饰材料基本要求以及室内装饰材料的分类。

　　第 12 章为室内环境设计思维方法的创新，讲解室内环境设计创新思维的准备过程和室内环境设计创新思维的设计方法。

　　本书由刘晖、王静、张扬三位老师共同编写，其中第 1、2、4、5、9、10 章由刘晖老师编写，第 3、6、7、8 章由王静老师编写，第 11、12 章由张扬老师编写，参与本书编写及相关工作的还有代小华、封素洁、张婷等，在此一并表示感谢。

由于编者水平有限，书中难免存在一些不足和疏漏之处，敬请广大读者批评指正。

编　者

Contents 目　录

第1章

室内环境设计概述

学习要点及目标

- 熟练掌握室内环境设计的含义和基本要求。
- 了解室内环境设计的要素。

本章导读

　　每个人一生的绝大部分时间都是在室内度过的，因此，人们设计和创造的室内环境，必然会直接关系到室内生活、生产活动的质量，关系到人们的安全、健康、情绪、效率、舒适等。所以一个科学、实用、美观的室内环境对人至关重要，而本章将对室内环境设计的含义、要求及设计要素进行详细介绍。

1.1 室内环境设计的含义和要求

PPT讲解

　　室内环境设计是指为满足使用者对建筑物的使用功能、视觉感受要求等目的而进行的准备工作，以及对现有的建筑物内部空间进行深度加工的增值准备工作。目的是让具体的物质材料在技术、经济等方面以及在可行的有限条件下能够成为让顾客满意的产品。这个过程需要工程技术上的知识，也需要艺术上的理论和技能。室内环境设计是从建筑设计中的装饰部分演变而来的，是对建筑物内部环境的再创造。

1.1.1 室内环境设计的含义

　　室内环境设计是根据建筑物的使用性质、所处环境和相应标准，并运用物质手段和建筑设计原理，创造功能合理、舒适优美、满足人们物质和精神需要的室内环境。我们通过设计手段，使室内空间不仅具有使用价值，满足相应的功能要求，同时也表达一种文化传承、建筑风格、环境气氛等精神因素。图1-1所示是位于梵蒂冈的圣彼得大教堂，它是最为杰出的文艺复兴建筑，同时也是世界上最大的教堂。

图1-1　圣彼得大教堂

　　在上述含义中，我们明确地把"创造满足人们物质和精神生活需要的室内环境"作为室内环境设计的目的，就是要坚持一切以人为本，一切围绕为人的生活、生产活动创造美观舒适的环境，图1-2所示为舒适惬意的工作空间。

图1-2　舒适惬意的工作空间

　　而在室内环境设计过程中，我们要紧紧围绕房屋的使用性质——建筑物和室内空间的使用功能，所在场所——建筑物和室内空间的周边环境，资金投入——所在工程项目的资金投入和单方造价标准的控制，从整体上把控室内环境设计的方向。

1.1.2　室内环境设计的基本要求

　　室内环境设计的任务就是综合运用技术手段，考虑周围环境因素的作用，充分利用有利条件，积极发挥创新思维，创造一个既满足生产和生活物质功能要求，又满足人们生理、心理需求的室内环境。其基本要求有以下几点。

1. 室内环境设计要满足使用功能要求

　　室内环境设计的宗旨是创造良好的室内空间环境，将满足人们在室内进行生产、生活、工作、休息的要求置于首位，在室内设计时要充分考虑功能使用要求，使室内环境合理化、舒适化、科学化；要考虑人们的活动规律，处理好空间关系、空间尺寸、空间比例，如图1-3所示；合理配置陈设品与家具，妥善解决室内通风、采光与照明，调整展示室内色调的总体效果。

2. 室内环境设计要满足精神功能要求

　　室内环境设计在考虑使用功能要求的同时，还必须考虑精神功能的要求。如图1-4所示为体现个性化的空间设计，在进行室内设计时，其关键就是要影响人们的情感，乃至影响人们的意志和行动，所以要研究人们的认识特征和规律；研究人的情感与意志；研究人和环境的相互作用。设计者要运用各种理论和方式去影响人的情感，使其升华达到预期的设计效果。室内环境如能突出地表明某种构思和意境，将会产生强烈的艺术感染力，能够更好地发挥其在精神功能方面的作用。

图1-3　功能合理的空间

图1-4　个性化的居住空间

3. 室内环境设计要满足现代技术要求

建筑空间的创新与结构造型的创新有着密切的联系,二者协调统一。它们充分考虑结构造型中美的形象,把艺术和技术融合在一起,这就要求室内设计者必须具备必要的结构类型知识,熟悉和掌握结构体系的性能、特点。现代室内环境设计置身于现代科学技术的范畴之内,要使室内设计更好地满足精神功能的要求,就必须最大限度地利用现代科学技术的最新成果。图1-5所示为充满现代感的办公空间。

4. 室内环境设计要符合地域特点和民族风格要求

由于人们所处的地区、地理气候条件的差异,各民族生活习惯与文化传统的不同,在建筑风格上也存在着很大的差别。我国是多民族的国家,各个民族的地区特点、民族性格、风俗习惯以及文化素养等因素的差异，使室内环境设计也有所不同。设计中要体现民族和地区各自不同的风格和特点，以唤醒人们的民族自尊心和自信心。如图1-6所示为充满异域风情的卧室空间，体现了不同文化背景下的地域特色。

图1-5　现代化的办公空间　　　　　　　图1-6　异域风情的卧室空间

　　我们以设计师唐忠汉的室内设计为例，体会一下室内装饰的基本要求。

知识拓展

"之间" 居住空间设计

　　设计师：唐忠汉

　　项目面积：117m²

　　分类：居室空间设计

　　空间以"之间"命名，是往来之间。对于唐忠汉而言，"之间"有着更加独特的用意，它经由离合、肌理、包覆、层次，去达到空间体验的感受。同时，"之"字形是路径、连接的形体表现，两者相互贯穿，共同诉说层层递进的"连接的空间"。

　　图1-7所示为卧室休息区，其镂空墙面的设计，一方面保证了空间的通透性，另一方面减少了空间过大带来的孤寂感，增加了空间的灵动性。如图1-8所示为餐厅空间，柔和的灯光自天花板洒下，层层包裹，尤显轻盈，与照射进室内的自然光线相得益彰。如图1-9所示为过道空间，设计师在空间设计中大面积采用白色，白色包裹下的空间通透明亮。白色柔软包容，任何颜色可与之相搭，将阳光最大限度地反射至室内。图1-10所示的玄关空间，空间的界线或朦胧或清晰，细节之处的设计充满节奏感。图1-11所示的浴室空间，开阔的视野提升了空间的品质。

图1-7　卧室空间

图1-8　餐厅空间

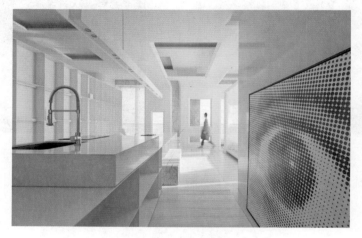

图1-9　过道空间

图1-10　玄关空间

图1-11　浴室空间

1.2 室内环境设计的要素

成功的室内环境设计，在功能上应当是实用的，在视觉上也要具有一定的吸引力，并要始终注意室内意境的构思和创造。虽然构思和创意无法生搬硬套，但同音乐、绘画、雕刻等艺术一样，都存在着一定的要素和创作原理。设计者只要在设计中以创作原理为基础，灵活处理各种设计要素，突出特定场所的特征和环境特色，就可以在有限的空间内创造出无限的可能，打造一个功能合理、美观大方、格调高雅、富有个性的室内环境。室内环境设计的基本要素有六个，即空间、光影、装饰、色彩、陈设和绿化。

PPT讲解

1.2.1 空间要素

设计师需要的最基本的素材是空间，空间即是一种无形的客观存在。室内环境设计是一个完善空间布局功能、提升空间品质的过程，不论室内设计的性质如何，我们都应该考虑如何达到实用、经济、美观、独特的空间设计标准。图1-12所示为客厅空间的设计，营造了一种朴实无华的氛围。

图1-12 客厅空间

所谓实用，即满足使用功能，创造出使生活更加便利的环境，以及根据空间的功能特点和人类的行为模式进行相应的区域划分，形成合适的面积、区域以及形状。图1-13所示为实用的居住空间设计。

所谓经济，是指在选择和使用材料时，设计方案应自然、经济、环保，不片面追求使用奢华高档的材料，要根据使用者的经济实力和个人喜好，尽量以较少的资金投入发挥最大的空间效益。图1-14所示为经济的居住空间。

所谓美观，是指能满足使用者一定的精神和审美需求，利用对室内空间的各种艺术处理手法，使我们的眼睛以及其他感官获得审美享受。图1-15所示为追求美观的居住空间。

图1-13　实用的居住空间

图1-14　经济的居住空间

图1-15　美观的居住空间

　　所谓独特，是指根据使用者的个性化要求，强调某种形象或风格，向空间的使用者和体验者传达某种信息，使空间具有深刻的形式内涵。图1-16所示为独特的居住空间。

　　室内各界面是一个有机的整体，应与建筑物协调一致，空间界面设计要符合室内总体效果，具有美学规律，与室内设施相匹配。界面处理不一定要做"加法"，从建筑物的使用性质、功能特点方面考虑，一些建筑物的结构构件也可以不加装饰，作为界面处理的手法之一，这正是单纯的装饰和室内设计在设计思路上的不同之处。空间组织和界面处理，是确定室内环境基本形体和线形的设计内容，设计时应以物质功能和精神功能为依据，考虑相关的客观环境因素和主观的身心感受。

图1-16 独特的居住空间

1.2.2 光影要素

　　室内空间光影要素的构成，会直接影响到人的感觉，是室内环境设计的灵魂，对体现环境特征具有十分重要的意义。光影是构成室内空间的要素之一，是空间造型和视觉环境渲染中不可或缺的组成部分，光影的构成及其品质是衡量空间环境的一个重要标志。在现代居住空间中，艺术照明是室内设计众多环节中极为重要的一环，虽然与家具、布艺色彩等装饰元素相比，照明设计似乎无法提供直接和持久的满足感，但失去了照明，再精美的装饰元素也无从展现。

　　图1-17至图1-26所示为专业建筑照明设计公司的住宅照明设计。

图1-17 卧室

图1-18　起居室

图1-19　客厅

图1-20 餐厅

图1-21 楼梯

图1-22 衣帽间

图1-23　厨房

图1-24　餐厨空间

图1-25　会客室

图1-26　卫生间

1.2.3　装饰要素

在图1-27中，室内整体空间不可缺少的柱子、墙面等建筑构件，结合其功能加以装饰，可共同构成完美的室内环境。充分考虑不同装饰材料的质地特征，可以获得不同风格的室内艺术效果，同时还能体现某一地区的历史文化特征。材料的选用是室内设计中直接关系到使用效果和经济效益的重要环节，巧妙用材是室内设计中的一大学问。从实用的角度来讲，应考虑室内的造型与人的活动相吻合，并使用合适的材料，选用适当的加工方法。同时还应考虑到材料和劳动的消耗成本及管理成本，力求用最少的费用获得最大的经济效益。

图1-27　室内装饰要素

1.2.4　色彩要素

　　色彩是室内设计中最为生动、最为活跃的因素，室内色彩往往给人们留下室内环境的第一印象。色彩最具表现力，通过人们的视觉感受产生的生理、心理和类似物理的效应，形成丰富的联想、深刻的寓意和象征。光和色不能分离，除了色光以外，色彩还必须依附于界面、家具、室内织物、绿化等物体。室内色彩设计需要根据建筑物的特性、室内使用性质、工作活动特点、停留时间长短等因素，确定室内主色调，选择适当的色彩配置。

　　室内环境很少由单一色彩构成，通常是色彩与色彩的组合。色彩感觉设计的主观联想因人而异，这种色彩敏感性和色彩偏爱是普遍存在的。色彩总是依附于具体的对象和空间，而对象的形状和不同的空间形式肯定会对色彩感觉产生影响。色彩处理既要符合功能要求，又要体现美观效果。另外，室内色彩除了必须遵循一般的色彩规律外，还应随着时代审美观的变化而不断变化。图1-28所示营造了独特的室内色彩感受。

图1-28　独特的室内色彩

1.2.5　陈设要素

　　家具、陈设、灯具、绿化等室内设计的内容，与整体室内空间存在着密切和内在的联系，对室内陈设设计深入了解，才能最优化利用有限的空间，切实满足人们在室内空间中不同的功能需求。室内陈设的实用和观赏作用都极为突出，通常它们都处于视觉中显著的位置，家具还直接与人体相接触，感受距离最为接近。家具、陈设、灯具、绿化等对烘托室内环境气氛、形成室内设计风格等方面起着举足轻重的作用。

　　室内陈设设计必须充分关注"艺术性"和"个性"两个方面，"艺术性"的追求是美化室内视觉环境的有效方法，建立在装饰规律的形式原理和形式法则的基础上。"个性"的塑造完全建立在人的性格和学识、修养等基础之上，通过室内陈设品的形式，反映出不同的情趣和格调。图1-29所示的室内陈设设计充满了地域色彩。

图1-29　室内陈设

1.2.6　绿化要素

室内环境设计中绿化已成为改善室内环境的重要手段，是最富有生气、最富有变化、最具有可塑性的室内装饰物。它除了利用自身的形态、色彩、肌理和气味等要素为人们创造美感，同时还通过不同的组合方式与所处环境有机地结合为一个整体，从而形成更好的环境效果。通过各种植物的摆放，还可以起到分割空间、联系空间、指示空间、调整空间、柔化空间、填充空间等组织空间的作用。除此之外，利用植物自身的生态特点，通过绿化还可以起到改善环境、净化空气的作用。图1-30所示的绿化为点缀室内环境起了画龙点睛的作用。

图1-30　室内绿化

学习室内环境设计，首先应该对室内环境设计的概念和基本要求进行学习了解，深刻理解并能灵活运用室内环境设计的构成要素。

(1) 室内环境设计的概念是什么？

(2) 简述室内环境设计的基本要求。

(3) 室内环境设计的构成要素有哪几方面？请分别进行阐述。

实训课题：观察分析一处自己感兴趣的室内空间

内容：实地观察一处自己认为装饰设计相对成熟的室内空间，体会室内环境设计的各个构成要素。

要求：实地观察后写观察总结，需认真阐述所观察空间的各项设计要素并配有图片资料。观察总结必须实事求是、理论联系实际；观点鲜明，不少于2000字；文字中附插图，要求编排形式合理。

第2章

室内环境设计的历史与发展

学习要点及目标

- 了解室内环境设计的发展过程，并掌握各个阶段的设计特点。
- 了解现代室内环境设计的社会背景与发展。

本章导读

时代在发展，社会在进步，原有的定义随着时间的推移不断地被新的定义所代替，室内环境设计作为一门学科，也在不断地发展和完善。本章结合室内装饰风格简史及现代室内环境设计的社会背景与发展，向大家介绍室内装饰的历史与发展。

2.1 室内装饰风格简史

2.1.1 古代埃及的室内装饰

PPT讲解

古代的尼罗河流域是人类文明的重要发祥地之一，被称为四大文明古国的埃及就位于狭长的尼罗河谷地，古代埃及人创造了人类最早的、第一流的建筑艺术以及室内装饰艺术，早在3000年前就已使用正投影绘制建筑物的立面图和平面图，绘制总图及剖面图，同时也会使用比例尺。

古埃及的建筑及室内装饰史的形成和发展，大致可分以下几个时期：公元前33世纪—公元前27世纪的上古王国时期；公元前27世纪—公元前22世纪的古王国时期、公元前22世纪—公元前17世纪的中王国时期；公元前16世纪—公元前11世纪的新王国时期。

1. 上古王国时期

这一时期没有留下完整的建筑物，从片断的资料中可以了解，本时期的建筑物主要是一些简陋的住宅和坟墓。由于尼罗河两岸缺少优质的木材，因此最初只是以棕榈木、芦苇、纸草、黏土和土坯建造房屋。用芦苇建造房屋，先将结实挺拔的芦根捆扎成柱形做成角柱，再用横束芦苇放在上边，外饰黏土而成。墙壁也是用芦苇编成，内外涂以黏土。它的结构方法主要是梁、柱和承重墙结合，由于屋顶黏土的重量，迫使芦苇上端呈弧形，而台口线成为室内的一种装饰。因此，这一时期室内装饰主要体现在梁柱等结构的装饰上，而空间的布局只是比较简单的长方形。

2. 古王国和中王国时期

遗存至今的古王国时期主要建筑是皇陵建筑，如图2-1所示为金字塔，其举世闻名，规模雄伟巨大，形式简单朴拙。这一时期神庙建筑发展相对缓慢，其建筑材料在早期是以通过太阳晒制的土砖及木材为主，后来逐渐出现了一些石结构。皇陵建筑是由柱厅、柱廊、内室和外室等部分组成的单元建筑群，如图2-2所示为皇陵建筑内部，室内的墙壁布满花岗石板，地面铺以雪花石。

柱式的形式比较多，既有简单朴素的方形柱，也有结实精壮的圆形柱，还有一种类似捆扎在一起的芦苇杆状的外凸式沟槽柱。柱式的发明和使用是古王国时期室内环境设计中最伟大的功绩，也是建筑艺术中最富表现力的部分。

图2-1　金字塔

图2-2　建筑内部

中王国时期，随着政治中心由尼罗河下游转移到上游，出现了背靠悬崖峭壁建成的石窟陵墓，成为中王国时期建筑的主要形式。图2-3所示为阿布辛贝石窟庙。

古王国和中王国时期的住宅，其室内布局与现今的住房相差无几，尤其是贵族的住宅，内部很明确地划分成门厅、中央大厅以及内眷居室和仆人房。中央大厅为住宅的中心，其天花板上有供采光的天窗。大厅中央一般是带莲头的深红色柱子，墙面装饰往往是画满花图案的壁画。家具在古王国时期有所发展，以往埃及人日常生活中在室内地面盘腿打坐，这时已出现较简单的木框架家具。

图2-3　阿布辛贝石窟庙

3. 新王国时期

新王国是古埃及的鼎盛时期，为适应宗教统治，宗教以阿蒙神为主神。阿蒙神又名太阳神，法老被视为神的化身，因此神庙取代陵墓，成为这一时期突出的建筑。图2-4所示为阿蒙神庙，神庙在一条纵轴线上以高大的塔门、围柱式庭院、柱厅大殿、祭殿以及一连串的密室组成一个连续而与外界隔绝的封闭性空间，而没有统一的外观，除了正立面是举行宗教仪式的塔门，整个神庙的外形只是单调、沉重的石板墙，因此神庙建筑真正的艺术重点是在室内。其中大殿室内空间中，密布着众多高大粗壮且直径大于柱间净空的柱子(见图2-5)，人在其中感到处处遮挡着视线，使人觉得空间的纵深复杂无穷无尽。柱子上刻着象形文字和比真人大几倍的彩色人像，其宏大的气势使人感到自己的渺小和微不足道，自然给人一种压抑、沉重和敬畏感，从而达到宗教所需要的威慑感。为加强宗教统治，这样的神庙遍及全国，其中最为著名的是卡纳克阿蒙神庙，它也是当今世界上仅存规模最大的庙宇。

图2-4　阿蒙神庙

图2-5　阿蒙神庙庙柱

　　在这一时期贵族的住宅也有所发展，室内的功能更加多样，除了主人居住的部分，还增加了柱厅和一些附属空间，如谷仓、浴室、厕所、厨房等。其中柱厅为住宅的中心，其顶棚也高出其他房间，并设有高侧窗。这些住宅仍多为木构架，墙垣以土坯为主，并且有装修，墙面一般抹一层胶泥砂浆，再饰一层石膏，然后是画满植物和飞禽的壁画，顶棚、地面、柱梁上都有各种各样异常华丽的装饰图案。

2.1.2　古代西亚的室内装饰

古代西亚是人类文明的最早发源地之一。西亚地区指伊朗高原以西，经两河流域而到达地中海东岸这一狭长地带。幼发拉底河和底格里斯河之间称为美索不达米亚平原，正是这没有天然屏障广阔肥沃的平原，才使得各民族之间互相征战，以至于王朝不断更迭，从公元前19世纪开始，先后经历了苏美尔、古巴比伦、亚述、新巴比伦和波斯王朝。

1. 苏美尔

这一时期的主要建筑是山岳台，如图2-6所示，它是一种多层高台。由于两河下游缺乏良好的木材和石材，人们用黏土和芦苇造屋，公元前4世纪才开始大量使用土坯。一般房屋在土坯墙头上搭树干作为梁架，再铺上芦苇，然后拍一层土。因为木质低劣，室内空间常常向窄而长的方向发展，因此也无须用柱子。布局一般是面北背南，内部空间划分采用芦苇编成的箔作间隔。因为当地夏季湿热而冬季温和，多设有一间或几间浴室，用砖铺地。

图2-6　乌尔山岳台

2. 古巴比伦王国

古巴比伦王国的文明基本是继承苏美尔文化的传统。这一时期是宫廷建筑的黄金时代，其宫殿建筑豪华而实用，既是皇室办公驻地，又是神权统治的一种象征，还是商业和社会生活的枢纽。宫殿往往和神庙结合成一体，以中轴线为界，分为殿堂和内室两部分，中间是露天庭院。室内空间比较完整的是玛里城——一座公元前1800年的皇宫，皇宫大面积是著名的庙塔所在的区域，在另一侧小部分是国王接见大厅和附属用房，在大厅周围的墙壁上是一幅幅充满宗教色彩的壁画。

3. 亚述

两河上游的亚述人于公元前1230年统一了两河流域，又开始大造宫殿和庙宇，最著名的就是萨尔贡王宫。宫殿分为三部分：大殿、内室寝宫和附属用房。大殿后面是由许多套间组成的庭院。套间里有会客大厅，皇室的寝宫就在会客大厅的楼上，宫殿中装饰辉煌，令人惊叹。四座方形塔楼夹着三个拱门，在拱门的洞口和塔楼转角的石板上雕刻着象征智慧和力量的人首翼牛像，如图2-7所示，正面为圆雕，可看到两条前腿和人头的正面，侧面为浮雕，可看到四条腿和人头侧面，一共五条腿，因此从各角度看上去都比较完整，并没有荒谬的感觉。宫殿室内装饰得富丽堂皇、豪华舒适，其中含铬黄色的釉面砖和壁画成为装饰的主要特征。

4. 新巴比伦王国

公元前612年，亚述帝国灭亡，取而代之的是新巴比伦王国，这一时期都城建设的发展成就惊人，最为杰出的是被称为世界七大奇迹之一的"空中花园"。空中花园遗址如图2-8所示。

空中花园中的宫殿采用饰面技术，室内装饰也更为豪华艳丽，内壁镶嵌着多彩的琉璃砖，这时的琉璃砖已取代

图2-7 人首翼牛像

贝壳和沥青而成为主要饰面材料。图2-9所示为琉璃装饰墙面，其上有浮雕，它们预先分成片断做在小块的琉璃上，贴面时再拼合起来，内容多为程式化的动植物或其他花饰，在墙面上均匀排列或重复出现，不仅装饰感强，而且更符合琉璃砖大批量模制生产的需要。这时的装饰色彩比较丰富，主色调是深蓝、浅蓝、白色、黄色和黑色。

图2-8 空中花园遗址

图2-9　琉璃装饰墙面

5. 波斯

波斯即今日的伊朗，于公元前538年攻占新巴比伦成为中东地区最强大的帝国。波斯对于所统治的各地不同民族的风俗都予以接纳，包括亚述和新巴比伦的传统艺术，同时吸取埃及等地的文化融合成独特的波斯文化。波斯的建筑与室内装饰也有着鲜明而浓厚的民族特色，其中代表波斯建筑艺术顶峰的是波斯波利斯宫殿，如图2-10所示。

图2-11所示为百柱大殿，它建在一个依山筑起的平台上，大体分成三部分：北部是两个正方形大殿，东南是财库，西南是寝宫。两个大殿中，其中大的一座柱子共100根，故被称为"百柱大殿"。柱子极其精致而生动，柱头是经过高度概括对称的两个牛头，它们背靠一个身子，木梁从牛身上穿过。柱础石为高高的覆钟形，并刻着花瓣。天花的梁枋和整个檐部都包着金箔，墙面画满了壁画，如图2-12所示。

波斯后期的室内编织工艺也达到了较高的水平，其中丝织品的图案花纹是极受欧洲人欢迎的，基本上有两种纹样：一种是以大圆团花为主体，四周连以无数小圆花的图案；另一种是狩猎为主的情景性图案，如图2-13和图2-14所示。这些编织品曾布置和陈设在宫殿的寝宫和一些贵族住宅的室内空间中，既是生活必需品又是装饰品。

图2-10　波斯波利斯宫殿

图2-11　百柱大殿

图2-12　壁画

图2-13　纹样一

图2-14　纹样二

2.1.3 古代爱琴海地区的室内装饰

公元前20世纪上半叶，古代爱琴海地区以爱琴海为中心，包括希腊半岛、爱琴海中各岛屿与小亚细亚西海岸的地区。它先后出现了以克里特、迈锡尼为中心的古代爱琴文明，史称克里特——迈锡尼文化。爱琴文化是个独立的文化体系，它的建筑，尤其是内部空间设计具有独特的艺术魅力。

属于岛屿文化的克里特是指位于爱琴海南部的克里特岛，其文化主要体现在宫殿建筑，而不是神庙。宫殿建筑及内部设计风格古雅凝重，空间变幻莫测，极富特色。最有代表性的就是克诺索斯王宫，如图2-15所示，它是一个庞大复杂依山而建的建筑，建筑中心是长方形庭院，四周是各种不同大小的殿堂、房间、走廊及库房，而且房间互相开敞通透，室内外常常用几根柱子划分，这主要是克里特岛终年气候温和的原因。

图2-15 克诺索斯王宫

另外，宫殿的内部结构极为奇特多变，正是因为它依山而建，造成王宫中地势高差很大，空间高低错落，走道及楼梯曲折回环、变化多端，曾被称为"迷宫"。宫殿敞开式的房间在夏天可以感受到微风，一部分可以关闭的房间在冬天能用铜炉烧水。另外还备有洗澡间和公共厕所，并有十分完备的下水道系统。

宫殿的室内和庭院中铺着石子，其他房间和有屋顶的地方都铺有地砖。柱廊和门廊中的柱子都是木制的，上粗下细，整个柱式造型奇异而朴拙，又不失细部装饰。房间和廊道的墙壁上充满壁画，顶棚也涂了泥灰，绘有一些以植物花叶为主的装饰纹样，光线通过许多窄小的窗户和洞孔射入室内，使人置身其间有一种扑朔迷离的神秘感，图2-16所示为廊道的壁画。

图2-16　廊道的壁画

作为大陆文明的迈锡尼是位于希腊半岛的一座古城，其文化与克里特文化在很多方面都有所不同，图2-17所示为迈锡尼宫殿。它的宫殿建筑是封闭的，主要房间被称作"梅格隆"，是"大房间"的意思，其形状是正方形或长方形，中央有一个不熄的火塘，是祖先崇拜的一种象征。一般是四根柱子支撑着屋顶。宫殿的前面是一个庭院，其他形制同克诺索斯宫殿一样，空间呈自由状态发展，没有轴线。

图2-17　迈锡尼宫殿

2.1.4 古代希腊的室内装饰

古代希腊是指建立在巴尔干半岛南部、爱琴海诸岛和小亚细亚沿岸地区诸国的总称。古代希腊是欧洲文化的摇篮，希腊人在各个领域都创造出了令世人瞩目的充满理性文化的光辉成就，建筑艺术也达到相当完美的程度。古代希腊的建筑艺术按其发展主要可分为三个时期：公元前8世纪—公元前6世纪的古风时期、公元前5世纪—公元前4世纪的古典时期、公元前4世纪后期—公元前1世纪的希腊化时期。

1. 古风时期

古风时期的建筑及其室内装饰艺术尚处在发展阶段，尤其是内部设计更是处于低潮期，而且当时的社会认为建筑艺术更重要的是表现在建筑的外部，因此设计师将建筑外围设计成浮雕，图案多为盛大的宗教活动。

2. 古典时期

古典时期是希腊建筑艺术的黄金时代，在这一时期，建筑类型逐渐丰富，风格更加成熟，室内空间也日益充实和完善。

帕提农神庙作为古典时期建筑艺术的标志性建筑，坐落在世人瞩目的雅典卫城的最高处，如图2-18所示。它不仅有着庄严雄伟的外部形象，内部设计也相当精彩，其内部殿堂分为正殿和后殿两大部分。正殿沿墙三面有双层叠柱式回廊，柱子也是多立克式的。中后部耸立着一座高约12 m的用黄金、象牙制作的雅典娜神像，整个人像构图组合精彩，被恰到好处地嵌入建筑所廓出的内部空间中。图2-19所示为神庙内墙上的浮雕带，这是帕提农神庙浮雕中最精彩的一部分。后殿是一个近似方形的空间，中间是四根爱奥尼式的柱子。帕提农神庙是希腊建筑艺术的典范作品，无论外部与内部的设计都遵循理性及数学的原则，体现了希腊和谐、秩序的美学思想。

图2-18　帕提农神庙

图2-19　帕提农神庙浮雕

3. 希腊化时期

公元前4世纪后期，北方的马其顿发展成军事强国，统一了希腊，并建立起包括埃及、小亚细亚和波斯等横跨欧、亚、非三洲的马其顿帝国，这个时期被称为希腊化时期。这一时期，一改以往以神庙为中心的建筑特点，而是向着会堂、剧场、浴室、俱乐部和图书馆等公共建筑类型发展，建筑风格趋向纤巧别致，追求光鲜花色，从而也失去了古典时期那种富丽堂皇又明朗和谐的艺术形象。

此时期的建筑在内部空间设计方面，在功能的推敲上已相当深入，如麦迦洛波里斯剧场中的会堂内部空间，座位沿三面排列，逐排升高。其中最巧妙的是柱子都以讲台为中心呈放射状排列，任何一个角落的座位，视线都不会被遮挡。

古希腊的建筑及其室内装饰以其完美的艺术形式、精确的尺度关系，营造出一种神圣、崇高和典雅的空间氛围。不仅以三种经典华贵的柱式被世人瞩目，在室内陈设上也达到很高的成就，其中雕塑便是最好的典范。

2.1.5　古代罗马的室内装饰

当古希腊逐渐衰落时，西方文化的另一处发源地——罗马在亚平宁半岛崛起了。古代罗马包括亚平宁半岛、巴尔干半岛、小亚细亚及非洲北部等地中海沿岸大片地区，以及今日的西班牙、法国、英国等地区。古罗马自公元前500年左右起，进行了长达200余年的统一亚平宁半岛的战争，统一后改为共和制。之后，古罗马不断地对外扩张，到公元前1世纪建立了横跨欧、亚、非三洲的罗马帝国。古希腊的建筑被古罗马继承并被大大向前推进，达到奴隶制时代的最高峰，其建筑类型多，形制发达，结构水平也很高，因此建筑及室内装饰的形式和手法极其丰富，对以后的欧洲乃至世界的建筑及室内环境设计都产生了深远的影响。

1. 罗马共和时期

这一时期创造并广泛应用拱券技术，并达到相当高的水平，形成了古罗马建筑的重要特征。由于重视广场、剧场、角斗场、高架输水道等大型公共建筑，相对而言室内装饰发展并不显著，但是柱式却在古希腊建筑的基础上发展起来。图2-20和图2-21所示为古罗马角斗场及内部。

图2-20　古罗马角斗场

图2-21　古罗马角斗场内部

　　这时的住宅，可分为四合院和公寓住宅。其中四合院住宅是供奴隶主贵族居住的，现存的大多位于古城庞贝。这类住宅的格局多为内向式，临街很少开窗，一般分前厅和柱廊庭院两大部分，前厅为方形，四面分布着房间。中央为一块较大的场地，上面的屋顶有供采光的长方形天窗，与它相对应的地面有一个长方形泄水池。房间室内采光、通风都较差，壁画也就成为改善房间环境的主要方法，成为这一时期室内装饰中最明显的特点。壁画一般分为两类：一类是在墙面上，用石膏制成各种彩色仿大理石板，并镶拼成简单的图案，壁画上端用檐口装饰；另一类最为独特，也是罗马人的首创，它是在墙面上绘制具有立体纵深感的建筑物，通过视觉幻象来达到扩大室内空间的目的，如有的壁画像开一扇窗看到室外的自然风景，有的壁画仿佛是房中房，使房间顿显开阔。另外，壁画的构图往往采用一种整体化的构图方法，即在墙面用各种房屋构件或颜色带划分成若干几何形区域，形成一个完整的构图，同时也借鉴柱式的构成分为基座、中部和檐楣三段。

2. 罗马帝国时期

罗马帝国是世界古代史上最大的帝国，在公元前3世纪至1世纪初，兴建了许多规模宏大并具有鲜明时代特征的建筑，成为继古希腊之后的又一建筑高峰。万神庙是这一时期神庙建筑杰出的代表，如图2-22所示。它最令人瞩目的特点就是以精巧的穹顶结构创造出饱满、凝重的内部空间——圆形大殿，大殿地面到顶端的高度与穹隆跨度都是43.3 m，也就是说整个大殿的空间正好嵌下一个直径为43.3 m的大圆球。在穹顶的中央，开有直径为8.9 m的圆形天窗，成为整个大殿唯一的采光口，而且在结构上，它又巧妙地省去圆顶巅部的重量，达到了功能、结构、形式三者的和谐统一。整个半球形的穹隆表面依经线、纬线划分而形成逐级向里凹进的方格，逐排收缩，下大上小，既有很强秩序感的装饰作用，又进一步减轻穹顶的重量而具有结构功能。在图2-23中，与穹顶相对应的地面是用彩色大理石镶嵌成方形和圆形的几何图案。

大殿的四周立面按黄金比例做两层檐部的线脚划分。底层沿周边墙面做七个深深凹进墙面的壁龛，二层是假窗和方形线脚交替组成的连续性构图。图2-24所示的大殿墙面整个四周立面处理得主次分明，虚实相映，整体感强。当人们步入大殿中有如身临苍穹之下，加上阳光呈束状射入殿内，随着太阳方位的改变产生强弱、明暗和方向上的变化，依次照亮七个壁龛和神像，更给人一种庄严、圣洁的感觉，并与天国、神祇产生神秘的联想感应。万神庙这种单一集中式空间，处理不好很容易显得单调乏味，然而正是利用这单纯有力的空间形体，通过构图的严谨和完整、细部装饰的精微与和谐以及空间处理的参差有致，使其成为集中式空间造型最卓越的典范。

图2-22 万神庙

图2-23 万神庙地面

图2-24 大殿墙面

　　古罗马公共设施的另一项突出成就是公共浴场，如图2-25所示，这是古罗马浴场，它不仅是沐浴的场所，而且是一个市民社交活动中心，除各种浴室外，还有演讲厅、图书馆、球场、剧院等。

图2-25　古罗马浴场

2.1.6　拜占庭时期的室内装饰

公元395年，罗马帝国分裂成东西两个帝国。东罗马帝国的版图以巴尔干半岛为中心，包括小亚细亚、地中海东岸和非洲北部，建都君士坦丁堡，得名拜占庭帝国。拜占庭的文化是由古罗马遗风、基督教和东方文化三部分组成的与西欧文化大相径庭的独特的文化，对以后的欧洲和亚洲一些国家和地区的建筑文化发展产生了深远的影响。

在建筑及室内装饰上最大的成就表现在基督教堂上，特点是把穹顶支撑在四个或更多的独立支柱上的结构形式，并以帆拱作为中介的连接。同时可以使成组的圆顶集合在一起，形成广阔而有变化的新型空间形象。与古罗马的拱顶相比，这是一个巨大的进步。

其在内部装饰上也极具特点，墙面往往铺贴彩色大理石，拱券和穹顶面不便贴大理石，就用玻璃锦砖(马赛克)或粉画。马赛克是用半透明的小块彩色玻璃镶成的。为保持大面积色调的统一，在玻璃马赛克后面先铺一层底色，最初为蓝色的，后来多为金箔作底。玻璃块往往有意略作不同方向的倾斜，造成闪烁的效果。粉画一般常用在规模较小的教堂，墙面抹灰处理之后由画师绘制一些宗教题材的彩色灰浆画。柱子与传统的希腊柱式不同，具有拜占庭独特的特点：柱头呈倒方锥形，并刻有植物或动物图案，一般常见的是忍冬草。

位于君士坦丁堡的圣索菲亚大教堂可以说是拜占庭建筑最辉煌的代表，也是建筑室内装饰史上的杰作，如图2-26所示。教堂采取了穹隆顶巴西利卡式布局，中央大殿为椭圆形，即由一个正方形两端各加一个半圆组成，正方形的上方覆盖着高约15 m、直径约33 m的圆形穹隆，通过四边的帆拱，支撑在四角的大柱墩上，柱墩与柱墩之间连以拱券。在穹隆的底部有一圈密排着40个圆卷窗洞凌空闪耀，使大穹隆显得轻巧透亮。由于这是大殿中唯一的光源，在幽暗之中形成一圈光晕，使穹隆仿佛悬浮在空中。另外，教堂内装饰也极为华丽，柱墩和墙面用彩色大理石贴面，并由白、绿黑、红等颜色组成图案，绚丽夺目，如图2-27所示。

图2-26　圣索菲亚大教堂

图2-27　教堂内柱墩和墙面

　　柱子与传统的希腊柱式不同，大多是深绿色的，也有深红色的。穹隆和帆拱全部采用玻璃马赛克描绘出君王和圣徒的形象，闪闪发光，酷似一粒粒宝石。地面也用马赛克铺装。整个大殿室内空间高大宽敞、气势雄伟、金碧辉煌，充分体现出拜占庭帝国的伟大气派。圣索菲亚大教堂是延伸的复合空间，而非古罗马万神庙那种单一的、封闭型空间。它的成就不只表现在其建筑结构和内部的空间形象上，而且在细部装饰处理上也对当时及后来的室内装饰产生很大的影响。

2.1.7 罗马式时期的室内装饰

"罗马式"这个名称是19世纪开始使用的，含有"与古罗马设计相似"的意思。它是指西欧从11世纪晚期发展起来并成熟于12世纪的建筑构造方式，其主要特点就是采用了典型罗马拱券结构。

罗马式教堂的空间形式，是在早期基督教堂的基础上，再在两侧加上两翼形成十字形空间，且纵身长于横翼，两翼被称为袖廊。拱顶在这一时期主要有筒拱和十字交叉拱两种形式，其中十字交叉拱首先从意大利北部开始推广，然后遍及西欧各地，成为罗马式的主要代表形式。这种十字形的教堂，空间组合主次分明，十字交叉点往往成为整个空间艺术处理的重点，两个筒形拱顶相互成十字交叉形成四个挑棚，它们结合产生四条具有抛物线效果的拱棱，给人的感觉冷峻而优美。在它的下面有着供教士们主持仪式的华丽的圣坛。教堂立面由支撑拱顶的拱架券一直延伸下来，贴在支柱的四面形成集束，使教堂内部的垂直因素得到加强。这一时期的教堂空间向狭长和高直发展，狭长引向祭坛，高直引向天堂。尤其以高直发展为主，以强化基督教的基本精神，给人一种向上的力量。

11世纪—12世纪是罗马式艺术在法国形成和逐步繁盛的时期，并在西欧中世纪文化中起着带头作用。如图2-28所示为卡恩的圣艾蒂安教堂，它实际上是一个十字交叉拱顶，但是中间再加一道平行肋架，如此将穹顶一分为六。这被分成六部分的拱顶不再用很重的横跨拱门来分割，而是用简单轻巧的肋架来分隔，这样既可以减轻重量，又可以使中堂的拱顶有一种连续的整体感。

图2-28 圣艾蒂安教堂

2.1.8　哥特式的室内装饰

12世纪中叶，罗马式设计风格继续发展，产生了以法国为中心的哥特式建筑，然后很快遍及欧洲，13世纪达到全盛时期，15世纪随着文艺复兴的到来而衰落。

哥特式建筑是在罗马式建筑基础上发展起来的，但其风格的形成首先取决于新的结构方式。罗马式风格虽然有了不小的进步，但是拱顶依然很厚重，因而使中厅跨度不大，窗子狭小，室内封闭而狭窄。而哥特式风格由十字拱演变成十字尖拱，并使尖拱成为带有助拱的框架式，从而使顶部的厚度大大地减薄了。中厅的高度比罗马式时期更高了，一般是宽度的3倍，且在30 m以上。柱头也逐渐消失，支柱就是骨架券的延伸。教堂内部裸露着近似框架式的结构，窗子占满了支柱之间的面积，支柱由垂直线组成，肋骨嶙峋，几乎没有墙面，雕刻、绘画没有依附，极其峻峭冷清。垂直形态从下至上，给人的感觉整个结构就像是从地下长出来的一样，产生急剧向上升腾的动势，从而使内部的视觉中心不集中在祭坛上，而是所有垂线引导着人的眼睛和心灵升向天国，从而也解决了空间向前和向上两个动势的矛盾。

哥特式风格的教堂空间设计同其外部形象一样，以具有强烈的向上动势为特征来体现教会的神圣精神。图2-29所示为拜占庭式镶嵌玻璃，由于教堂墙面面积小，窗子却很大，于是窗就成了重点装饰的地方。工匠们从拜占庭教堂的玻璃马赛克中得到启发，用彩色玻璃镶嵌在组成图案的铅条中而组成一幅幅图画，后来被称为玫瑰窗。

图2-29　拜占庭式镶嵌玻璃

法国是哥特式建筑及室内装饰风格的发源地，其中最令人瞩目的就是位于法国东北部为法兰西国王举行加冕典礼的兰斯大教堂，如图2-30和图2-31所示，整个教堂室内形体匀称、装饰纤巧、工艺精湛，成为法国哥特式建筑及室内装饰发展的顶峰。

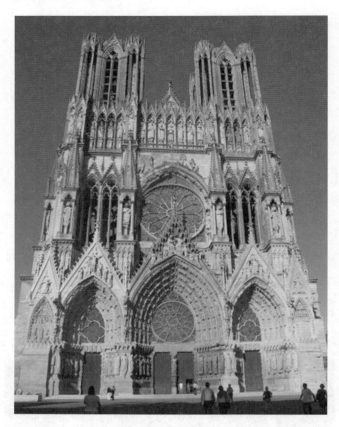

图2-30　兰斯大教堂

图2-31　兰斯大教堂室内装饰

2.1.9 文艺复兴时期的室内装饰

14世纪，在以意大利为中心的思想文化领域，出现了反对宗教神权的运动，强调一种以人为本位并以理性取代神权的人本主义思想，从而打破中世纪神学的桎梏，自由而广泛地汲取古典文化和各方面的营养，使欧洲进入了一个文化蓬勃发展的新时期，即文艺复兴时期。在建筑及室内装饰上，这一时期最明显的特征就是抛弃中世纪时期的哥特式风格，而在宗教和世俗建筑上重新采用体现着和谐与理性的古希腊、古罗马时期的柱式构图要素。此外，人体雕塑、大型壁画和线型图案的锻铁饰件也开始用于室内装饰。这一时期许多著名的艺术大师和建筑大师都参与了室内环境设计，并参照人体尺度，运用数学与几何知识分析古典艺术的内在审美规律，进行艺术作品的创作。

1. 早期文艺复兴的室内装饰

15世纪初叶，意大利中部以佛罗伦萨为中心出现了新的建筑倾向，在一系列教堂和世俗建筑中，第一次采用了古典设计要素，运用数学比例创造出和谐的空间效果，令人耳目一新。伯鲁乃列斯基是文艺复兴时期建筑及室内装饰第一个伟大的开拓者，他善于利用和改造传统，是最早对古典建筑结构体系进行深入研究的人，并大胆地将古典要素运用到自己的设计中，将设计置于数学原理的基础上，创造出朴素、明朗、和谐的建筑室内外形象。

被誉为早期文艺复兴代表的佛罗伦萨主教堂就是其代表作，如图2-32至图2-35所示，佛罗伦萨主教堂不仅以全新而合理的结构与鲜明的外部形象著称，而且也创造了朴素典雅的内部形象。

图2-32 佛罗伦萨大教堂

图2-33　金碧辉煌的教堂大殿

图2-34　大门上的雕刻

图2-35　洗礼堂东大门细节

知识拓展

文艺复兴的报春花：佛罗伦萨主教堂

　　佛罗伦萨主教堂也叫"花之圣母大教堂、圣母百花大教堂"，被誉为世界上最美的教堂，是文艺复兴的第一个标志性建筑，被称为文艺复兴的"报春花"。建于1334—1420年的佛罗伦萨主教堂，两端各为一钟楼和一穹隆顶，有着优雅的外观轮廓，是许多艺术家工作的结晶，其圆顶直径达50米，居世界第一，是世界第四大教堂、意大利第二大教堂，能容纳1.5万人同时礼拜，教堂的附属建筑有洗礼堂和乔托钟楼。花之圣母大教堂在意大利语中意味着花之都。大诗人徐志摩把它译作"翡冷翠"，这个译名远远比另一个译名"佛罗伦萨"来得更富诗意、更具色彩，也更符合古城的气质。

　　佛罗伦萨大教堂其实是一组建筑群，由大教堂、钟楼和洗礼堂组成，位于现在佛罗伦萨市的杜阿莫广场和相邻的圣·日奥瓦妮广场上。教堂平面呈拉丁十字形状，本堂宽阔，长达82.3米，由4个18.3米见方的间跨组成，形制特殊。教堂的南、北、东三面各出半八角形巨室，巨室的外围包容有5个呈放射状布置的小礼拜堂。

　　整个建筑群中最引人注目的是中央穹顶，标志着意大利文艺复兴建筑史的开端，其设计和建造过程、技术成就和艺术特色，都体现着新时代的进取精神。仅中央穹顶本身的工程就历时14年，在中央穹顶的外围，各多边形的祭坛上也有一些半穹形，与上面的穹顶上下呼应。它的外墙以黑、绿、粉色条纹大理石砌成各式格板，上面加上精美的雕刻、马赛克和石刻花窗，呈现出非常华丽的风格。它是在建筑中突破教会的精神专制的标志，同时也是文艺复兴时期独创精神的标志，无论在结构上还是在施工上，这座穹顶的首创性的幅度是很大的，这标志着文艺复兴时期科学技术的普遍进步。

　　达·芬奇是文艺复兴时期最伟大的天才艺术家，在建筑方面虽没留下完整的作品，但却留下一系列建筑素描，如图2-36和图2-37所示。这些素描的重要性在于：一方面，将解剖学的素描技巧运用于建筑素描，创造了建筑透视图，而在此之前建筑绘图只局限于平面和立面图，这种新的素描技巧为建筑室内外设计提供了更多的信息量，从而促进了关于建筑是有机整体观点的发展；另一方面，达·芬奇的建筑素描都是以十字形或八角形为基础的集中式教堂。这反映了他先进的建筑艺术观点，因为集中式建筑能更好地体现整体统一的观念，而且更重视与人密切相关的室内环境。

图2-36　建筑透视图

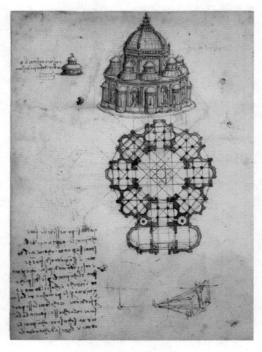

图2-37　建筑素描

2. 盛期文艺复兴的室内装饰

15世纪中叶以后，发源于意大利的文艺复兴运动很快传播到德国、法国、英国和西班牙等国家，并于16世纪达到高潮，从而把欧洲整个文化科学事业的发展推进到一个崭新的阶段。同时由于建筑艺术的全面繁荣，因此带动室内装饰和设计向着更为完美和健康的方向发展。

整个文艺复兴运动自始至终都是以意大利为中心而展开的。世界上最大的教堂圣彼得大教堂是文艺复兴时期最宏伟的建筑工程，如图2-38所示，它是在罗马老圣彼得教堂的废墟上重建的。教堂平面为罗马十字形，在十字交叉处的顶部是个真正球面穹隆，而不是佛罗伦萨那样分为八瓣的，穹顶直径为41.9 m，内部顶点高23.4 m，几乎是万神庙的3倍。空间气质昂扬、健康而饱满，其细部装饰典雅精致而又有节制，如图2-39所示。教堂内安装了许多出自名家大师之手的雕像和壁画，从而使人感到这里并不是备受精神压迫的教堂，而是充满着人文主义气息的神圣艺术殿堂。

图2-38 圣彼得大教堂

图2-39 细部装饰

米开朗琪罗设计的新圣器室和劳仑齐阿纳图书馆，同样富于美感和创造性。米开朗琪罗首先是位雕塑家，其次才是画家和设计师，因此，其设计语言具有的饱满体积感和具有张力的雕塑感使他的作品带有一种不可模仿的个人风格特质。图2-40所示为佛罗伦萨圣罗伦佐教堂图书馆阶梯。

图2-40　佛罗伦萨圣罗伦佐教堂图书馆阶梯

法国的枫丹白露宫(如图2-41和图2-42所示)是法国文艺复兴的代表建筑，整个宫殿内部经过全面的装饰后，成为法国最著名的离宫。

图2-41　枫丹白露宫

图2-42　内部装饰

2.1.10　巴洛克风格的室内装饰

16世纪下半叶，文艺复兴运动开始从繁荣趋向衰退，建筑及其室内装饰进入一个相对混乱与复杂的时期，设计风格流派纷呈。产生于意大利的巴洛克风格，以热情奔放、追求动态、装饰华丽的特点逐渐赢得当时的天主教会及各国宫廷贵族的喜好，进而迅速风靡欧洲，并影响其他设计流派，使17世纪的欧洲具有巴洛克时代之称。

巴洛克这个名称历来有多种解释，但通常公认的意思是畸形的珍珠，是18世纪以来对巴洛克艺术怀有偏见的人用作讥讽的称呼，带有一定的贬义，有奇特、古怪的含义。

巴洛克的设计风格抛弃了文艺复兴时期种种清规戒律，追求自由奔放、充满世俗情感的欢快格调。欧洲各国巴洛克室内装饰风格具有一些共同的特点：首先，在造型上以椭圆形、曲线与曲面等极为生动的形式，突破了古典及文艺复兴时期的端庄严谨、和谐宁静的规则，着重强调变化和动感。其次，打破了建筑空间与雕刻和绘画的界限，使它们互相渗透，强调艺术形式的综合性。天顶、柱子、墙壁、壁龛、门窗等的设计综合了绘画、雕塑和建筑艺术，主要体现在天顶画的艺术成就，如图2-43所示的盖斯教堂天顶画。再次，在色彩上追求华贵富丽，多采用红、黄等纯色，并饰以大量金银箔进行装饰，甚至也选用一些宝石、青铜、纯金等贵重材料以表现奢华的风格。此外，巴洛克风格的室内环境设计还具有平面布局开放多变、空间追求复杂与丰富的效果、装饰处理强调层次和深度的特点。

巴洛克设计风格最先在意大利的罗马出现，耶稣会教堂被认为是第一个巴洛克建筑，如图2-44所示。

法国的凡尔赛宫是欧洲最宏大辉煌的宫殿，如图2-45所示。它位于巴黎的近郊，整个王宫布局十分复杂而庞大。王宫内部有一系列大厅，如马尔斯厅、镜厅、阿波罗厅等。王宫建筑的外部是明显的古典风格，内部则是典型的巴洛克风格，装饰异常豪华，彩色大理石装饰随处可见，壁画雕刻充满各个房间，枝形灯、吊灯比比皆是。其中最豪华的是镜厅，如图2-46所示，它是凡尔赛宫最主要的大厅，凡重大仪式均在此举行，许多国际条约也在此签署。其他诸如征战厅、和平厅、礼拜厅以及国王厅等室内环境设计也十分瑰丽豪华。

图2-43　盖斯教堂天顶画

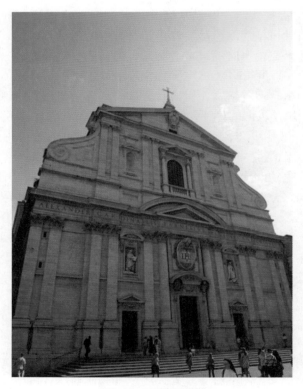

图2-44　耶稣会教堂

图2-45　凡尔赛宫

图2-46　镜厅

奥地利麦尔克修道院则以雄伟壮观的设计充分体现了巴洛克风格。修道院高踞于多瑙河畔高高的岩石上，内部空间尤为优雅富丽，设计师打破了理性的束缚，用生动多变的手法和令人惊奇的装饰创造了一个充满世俗情感、欢快奇异的宗教环境。

2.1.11　洛可可风格的室内装饰

法国从18世纪初期逐步取代意大利的地位再次成为欧洲文化艺术中心，主要标志就是洛可可建筑风格的出现。洛可可风格是在巴洛克风格基础上发展起来的一种纯装饰性的风格，而且主要表现在室内装饰上。它发端于路易十四晚期，流行于路易十五时期，因此也常常被称作"路易十五"式。洛可可一词来源于法语，是岩石和贝壳的意思。洛可可也同"哥特式""巴洛克"一样，是18世纪后期用来讥讽某种反古典主义的艺术的称谓，直到19世纪才同"哥特式"和"巴洛克"一样被同等看待，而不再有贬义。

17世纪末18世纪初，法国的专制政体出现危机，对外作战失利，经济面临破产，社会动荡不安，王室贵族们便产生了一种及时享乐的思想，尤其是路易十五上台后，他要求艺术为他服务，成为供他享乐的消遣品。他们需要的是更妩媚、更柔软细腻，而且更琐碎纤巧的风格，以此来寻求表面的感观刺激，因此，在这样一个极度奢靡的环境中产生了洛可可装饰风格。

洛可可艺术的成就主要表现在室内环境设计与装饰上，它具有鲜明的反古典主义的特点，追求华丽、轻盈、精致、繁复的艺术风格，具体的装饰特点如下。

1. 排斥一切建筑装饰风格60

过去用壁柱的地方改用镶板或镜子。凹圆线脚和柔软的涡卷代替了檐口和小山花，圆雕和高浮雕换成色彩艳丽的小幅绘画和薄浮雕，并且浮雕的轮廓融进衬底的平面之中，线脚和雕饰都是细细的、薄薄的。总之，装饰呈平面化而缺乏立体性。

2. 装饰题材趋向自然主义

最常用的是千变万化的舒卷、纠缠着的草叶，此外还有贝壳、棕榈等，为了模仿自然形态，室内部件往往做成不对称形状，变化万千，但有时也流于矫揉造作。

3. 惯用娇艳的颜色

常选用嫩绿、粉红、玫瑰红等，线脚多为金色的，顶棚往往画着蓝天白云的天顶画。

4. 喜爱闪烁的光泽

墙上大量镶嵌镜子，悬挂晶体玻璃的吊灯，多陈设瓷器，壁炉用磨光的大理石，特别喜爱在镜前安装烛台，造成摇曳不定的迷离效果。

巴黎的苏比兹公馆椭圆形客厅是洛可可早期的代表性作品，如图2-47所示。这是一座上下两层的椭圆形客厅，尤其以上层的客厅格外引人注目。整个椭圆形房间的壁面被8个高大的拱门所划分，其中4个是窗，1个是入口，另外3个拱也相应做成镜子装饰。顶棚与墙体没有明显的界线，而是以弧形的三角状拱腹来装饰，里面是绘有寓言故事的人体画，画面上缘横向展开并连接成波浪形，再往上是由金色的草茎涡纹线装饰，并与正在嬉戏的儿童的高浮雕和天花板的穹顶自然地连接起来。整个客厅都被柔和的圆形曲线主宰着，使人忘记了室内界面的分界线，线条、色彩和空间结构浑然一体。

洛可可设计风格在一定程度上反映了没落贵族的审美趣味和及时行乐的思想，表现出的是一种快乐的轻浮。因此，总体上说格调是不高的，但是洛可可的装饰风格影响是相当久远的。

洛可可时期的家具及室内陈设在18世纪的艺术中也格外引人注目，家具以回旋曲折的贝壳曲线和精细纤巧的雕饰为主要特征。壁毯和绢织品主要用作上流社会室内的壁饰和椅子靠背面以及扶手装饰，为室内空间增加了典雅和柔美的气氛。此外，一些烛台等金属工艺品也都反映出优美自然的洛可可趣味。

图2-47　苏比兹公馆公主大厅

2.1.12　新古典主义风格的室内装饰

18世纪中叶以法国为中心掀起的"启蒙运动"的文化艺术思潮也带来了建筑领域的思想解放。同时欧洲大部分国家对巴洛克、洛可可风格过于情绪化的倾向感到厌倦，加之考古界在意大利、希腊和西亚等处古典遗址的发现，促进了人们对古典文化的推崇。因此，首先在法国再度兴起以复兴古典文化为宗旨的新古典主义。当然，复兴古典文化主要是针对衰落的巴洛克和洛可可风格，复古是为了开今，通过对古典形式的运用和创造，体现了重新建立理性和秩序的意愿。为此，这一风格广为流行，直至19世纪上半叶。

在建筑及室内环境设计上，新古典主义虽然以古典美为典范，但重视现实生活，认为单纯、简单的形式是最高理想，强调在新的理性原则和逻辑规律中，解放性灵，释放感情。具体在室内环境设计上有这样一些特点：首先是寻求功能性，力求厅室布置合理；其次是几何造型再次成为主要形式，提倡自然的简洁和理性的规则，比例均匀，形式简洁而新颖；再次是古典柱式的重新采用，广泛运用多立克、爱奥尼、科林斯式柱，复合式柱被取消，设在柱础上的简单柱式或壁柱式代替了高位柱式。

新古典主义在英国成熟比较早，如图2-48和图2-49所示的圣保罗大教堂，它是英国国家教会的中心教堂，虽然在平面上还是传统的罗马十字形布局，但在空间形象的塑造上却洗练脱俗、耐人寻味。首先，前后两个巴西利卡大厅的顶棚分别是三个小穹顶，既简洁又形成很强的秩序感，又与中央穹顶相呼应，从而取得既统一又有变化的和谐效果。另外设计上综合了某些巴洛克风格奔放华丽的因素，装饰构件的形体明确、肯定而考究，有较强的雕塑感，不像洛可可风格那样形体界线浑浊模糊，整个空间洋溢着理性的激情，同时也充分体现了严格、纯净的古典精神。

图2-48　圣保罗大教堂

图2-49　内部装饰

2.1.13　浪漫主义和折中主义风格的室内装饰

在西欧的艺术发展中，1789年的法国大革命是一个转折点，从此人们对艺术乃至生活的总的看法经历了一场深刻的变化。由于这场社会变革而出现了一种思想，即关于艺术家个人的创造性及其作品的独特性。这也表明艺术的新时期已经到来，因此代表着进步的、推动历史前进的浪漫主义和折中主义便应运而生了。

1. 浪漫主义

18世纪下半叶，英国首先出现了浪漫主义建筑思潮，它主张发扬个性，提倡自然主义，反对僵化的古典主义，具体表现为追求中世纪的艺术形式和趣味非凡的异国情调。由于它更多地以哥特式建筑形象出现，故又被称为"哥特复兴"。

英国议会大厦即威斯敏斯特宫，如图2-50和图2-51所示，一般被认为是浪漫主义建筑风格兴盛时期的标志。威斯敏斯特宫整体造型和谐融合，充分体现了浪漫主义建筑风格的丰富情感，其内部设计更多地流露出玲珑精致的哥特式风格。

图2-50　威斯敏斯特宫

图2-51　宫殿内部

19世纪初，一些浪漫主义建筑使用了新的材料和技术，这种科技上的进步对以后的现代风格产生了很大的影响。最著名的例子是巴黎国立图书馆，如图2-52所示，该图书馆采用新型的钢铁结构，在大厅的顶部由铁骨架运用帆拱式的穹隆构成，下面以铁柱支撑，铁制结构减少了支撑物的体积，使内部空间变得宽敞和通透，结构也显得灵巧轻盈。圆的穹顶和弧形拱门起伏而有节奏，给人以强烈的空间感受。同时，为了保留对传统风格的延续，在适当的部位做了古典元素的处理。

图2-52　巴黎国立图书馆

2. 折中主义

折中主义从19世纪上半叶兴起，流行于整个19世纪并延续到20世纪初。其主要特点是追求形式美，讲究比例，注意形体的推敲，没有严格的固定程式，随意模仿历史上的各种风格或对各种风格进行自由组合。由于时代的进步，折中主义反映的是创新的愿望，促进了新观念、新形式的形成，极大地丰富了建筑文化的面貌。

折中主义以法国为典型，这一时期重要的代表作品是巴黎歌剧院，一个马蹄形多层包厢剧院，如图2-53所示。剧院共有2200个座位，整个观众厅富丽堂皇，到处是巴洛克风格的雕塑、绘画和装饰，顶棚是顶皇冠，观众厅的外侧也是一个马蹄形休息廊。剧院内平面功能、视听效果、舞台设计都处理得十分合理、完善，反映了19世纪设计水平的成熟。剧院的楼梯厅是由白色大理石制成的，构图非常饱满，是整个空间艺术处理的中心，也是交通的枢纽，在装饰上也花团锦簇、珠光宝气、富丽堂皇，如图2-54所示。

图2-53 巴黎歌剧院

图2-54 剧院的楼梯

2.1.14　中国古代的室内装饰

中国的历史源远流长，在辽阔的疆土上居住的人民创造了光辉灿烂的文化，对人类的发展做出了重要贡献。同西方建筑、伊斯兰建筑一起被称为世界三大建筑体系的中国建筑，不同于其他建筑体系，不是以砖石结构为主，而是以独特的木构架体系著称于世，同时也创造了与这种木构架结构相适应的外观与室内布局方式。

1. 上古至秦汉时期

上古至秦汉时期是中国建筑逐步形成和发展的阶段。从远古的穴居、巢居开始，人们就开始有目的地营造自己的生存空间，直至夏代，又经过商、周、春秋、战国至秦汉，中国古代建筑作为一个独特的体系，已基本上形成。

根据墓葬出土的画像石、画像砖推断，汉代的住宅已比较成熟和完善，如图2-55所示的画像砖。一般规模较小的住宅，平面为方形或长方形，屋门开在当中或偏在一旁。有的住宅规模稍大，有三合式与日字形平面的住宅，布局常常是前堂后寝，左右对称，主房高大。贵族居住的住宅更大，合院内以前堂为主，堂后以墙、门分隔内外，门内有居住的房屋，但也有在前堂之后再建饮食歌乐的后堂。从这里可以看出，中国住宅的合院布局已经形成，布局特点是主次分明、位序井然，充分反映出中国家庭中上下尊卑的思想观念。

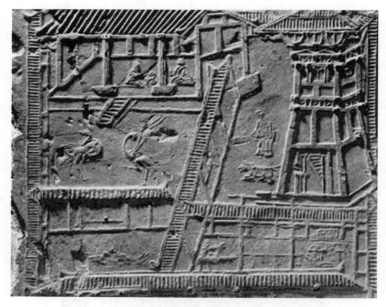

图2-55　画像砖

住宅内部的陈设也是随着建筑的发展以及起居习惯的演化而变化的。由于跪坐是当时主要的起居方式，因而席和床榻是当时室内的主要家具陈设。尤其是汉代的床用途最广泛，人们在床上睡眠、用餐、会客。汉朝的门、窗常常包括帘与帷幕，地位较高的人或长者往往也在床上加帐幔，因此，帐幔逐渐成为必需的设施，夏天可避蚊虫，冬天又避风寒，同时也起到装饰居室的作用。

2. 三国、两晋、南北朝和隋唐时期

从东汉末年到三国鼎立，再到两晋和南北朝近300年的对峙，一直到公元581年隋文帝统一中国，这段时期中国历史长期处于分裂的状态，是最不稳定的一个阶段，直至唐朝才成为一个长治久安的国家。这个时期的建筑，在继承秦汉以来成就的基础上，吸收融合外来文化的影响，逐渐形成一个成熟完整的建筑体系。

这一时期宫殿、住宅继续高速发展。宫殿建筑由于年代久远没有现存，而室内情况因为流传下来的绘画、墓葬明器以及文字资料相对更丰富，从住宅建筑的变迁上反映得更充分一些。这一时期的住宅总体上还是继承传统的院落式木构建筑形式。到隋唐时期住宅有明文规定的宅第制度，贵族的宅院在两座主要房屋之间用具有直棂窗的回廊连接为四合院，布局的方法多是有明显的轴线和左右对称。从三国到隋代统一，朝代不断更迭，无疑也促进了民族大融合，室内装饰与陈设也发生了很多变化。席地而坐的习惯虽未完全改变，但传统家具有了不少新发展，如床已增高，人们既可以坐在床上，又可以垂足坐于床沿。

东汉末年西北民族进入中原以后，逐渐传入了各种形式的高坐具，如椅子、圆凳等。尤其是进入隋唐时期，上层贵族逐渐形成垂足而坐的习惯，长凳、扶手椅、靠背椅以及与椅凳相适应的长桌、方桌也陆续出现，至唐末后期，各种家具类型已基本齐备。家具的式样简明、朴素大方，线条也柔和流畅。室内的屏风一般附有木座，通常置于室内后部的中央，成为人们起居活动和家具布置的背景，进而使室内空间处理和各种装饰开始发生变化，与早年席地而坐的方式已迥然不同了。

自佛教开始传入中国以来，佛教建筑也逐渐成为一个主要的建筑类型。到了隋唐时期，佛寺遍布中国各地，但大多都已被毁坏，流传下来的唐代佛寺殿堂较为完整的只有两处，即山西五台山南禅寺正殿(见图2-56)和佛光寺正殿(见图2-57)。这两座大殿的内部空间设计同外观形象一样，其风格虽有汉代的痕迹，但却透出一种圆熟的古朴和凝重，而不是单纯的粗放，既富有大气又不乏细腻。

图2-56　南禅寺正殿

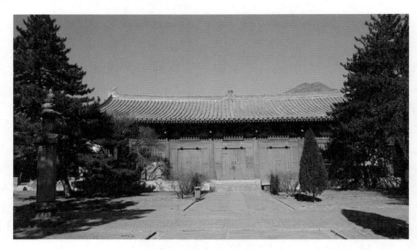

图2-57　佛光寺正殿

3. 宋、辽、金、元和明清时期

唐朝结束又经过五代十国战乱之后，进入北宋与辽，南宋与金、元对峙的时期，接着建立了明朝。后来满族贵族夺取了政权，灭了明朝统一了中国。从北宋开始，中国建筑形成又一个新的发展阶段，取得了不少成就。明清时期又在传统的基础上不断进行丰富和发展，成为中国古代建筑史上的最后一个高峰。

进入宋朝以后，除佛寺外，祠庙也是宗教建筑的一个主要类型。祠庙是古代宗族祭祀祖先的地方，有宗祠、家祠、先贤祠等。被视为宋式建筑代表作的山西太原晋祠就是现存规模最大的一座祠庙，图2-58所示为晋祠的主殿圣母殿，它建成于1032年，位于晋祠中轴线上，坐西朝东，殿面阔七间，进深六间，平面近方形。殿内梁架用减柱做法，所以内部空间宽敞。

图2-58　晋祠的主殿圣母殿

　　明清时期中国古代建筑的木构架体系更加成熟和完善，但也趋向程式化和装饰化，北京故宫也称紫禁城，是现存规模最大、保存最完好的古建筑群。而且室内装修与设计也是其他任何朝代都无法比拟的，太和殿的内部装修就是其中最辉煌的一个，明清两代皇帝即位、大婚、朝会、命将出征等都在这里举行仪式。如图2-59所示为紫禁城太和殿。殿内设七层台阶的御座，环以白石栏杆，上置皇帝雕龙金漆宝座，座后为七扇金屏风，左右有宝象、仙鹤。殿中矗立6根蟠龙金漆柱，殿顶正中下悬金漆蟠龙吊珠藻井。整个大殿的装修金碧辉煌，同时又不失庄重严肃，给人一种很强的威慑力。内廷中的乾清宫(如图2-60所示)是皇帝的寝宫，也是清朝皇帝举行内廷典礼、召见官员、接见外国使臣的地方，其内部布置接近太和殿，正前方也是一个雕龙宝座，后设五扇龙饰屏风，左右安置香炉、香筒、仙鹤等陈设。屏风上置"正大光明"匾额，是大殿中最引人注目的焦点。

　　宋朝的住宅，一般外建门屋，内部仍采取四合院形式。贵族的住宅继续沿用汉以来前堂后寝的传统原则，但在接待宾客和日常起居的厅堂与后部卧室之间，用穿廊连成丁字形、工字形或王字形平面。至明清时期，这种四合院组合形式更加成熟稳定，成为中国古建筑的基本形式，也是住宅的主要形式。北方住宅以北京的四合院住宅为代表，它的内外设计更符合中国古代社会家族制的伦理需要。四合院内部根据空间划分的需要，用各种形式的罩、隔栅、博古架进行界定和装饰。山东的曲阜孔府是北方现存最完整的一座大型府邸，其室内装饰与布置充分反映出明清较成熟的住宅府邸基本形式，图2-61所示为孔府前上房内景。

图2-59　紫禁城太和殿

图2-60　紫禁城乾清宫

图2-61　孔府前上房内景

　　南方的住宅也有许多合院式的住宅，最常见的就是"天井院"，它是一种露天的院落，只是面积较小，其基本单元是以横长方形天井为核心，三面或四面围以楼房。正房朝向天井并且完全敞开，以便采光与通风，各个房间都向天井院中排水，称为"四水归堂"。正房一般为三开间，一层的中央开间称为堂屋，也是家人聚会、待客、祭神拜祖的地方。堂屋后壁称为太师壁，太师壁上往往悬挂植物山水书画，壁两侧的门可通至后堂。太师壁前置放一张几案，上边常常放置祖先牌位、烛台及香炉等，也摆设花瓶和镜子，以取"平平静静"的寓意。几案前放一张八仙桌和左右两把太师椅，堂屋两侧沿墙也各放一对太师椅和茶几。堂屋两边为主人的卧室。安徽黟县宏村月塘民居内部设计就是其中典型的一例，如图2-62所示。

图2-62 宏村民居

到宋朝时，已完全改变了商周以来的跪坐习惯及有关家具。桌椅等家具在民间已十分普遍，同时还衍化出诸如圆或方形的高几、琴桌、小炕桌等新品种。随着起坐方式的改变，家具的尺度也相应地增高了。至明清时期家具已相当成熟，品种类型也相当齐全，而且选材合理，既发挥了材料性能，又充分利用材料本身的色泽与纹理，达到结构和造型的统一。

另外室内环境设计发展到明清的时候，出现了很多灵活多变的陈设，诸如书画、挂屏、文玩、器皿、盆景、陶瓷、楹联、灯烛、帐幔等，都成为中国传统室内环境设计中不可分割的组成部分。自明、清代以来，室内的木装修同外檐装修一样成为建筑室内环境设计的一个重要特征。内装修的内容和形式都十分丰富，室内的隔断，除板壁之外，还采用落地罩、花罩、栏杆罩以及博古架、书架、帷幔等不同的方式进行空间划分。内装修的材料，多采用紫檀、花梨、楠木。结构均为榫卯结构，造型洗练，工艺精致。室内的木装修已成为中国传统室内环境设计的主要内容。

2.1.15 古代其他亚洲国家的室内装饰

1. 古代印度的室内装饰

古代印度是指今印度、巴基斯坦、孟加拉所在的地区。早在公元前3000多年，印度河和恒河流域就有了相当发达的文化，建立了人类历史上最早的城市。大约在公元前2000年，外来的征服者在印度北部建立了一些小国家，制定出种姓制度，创立了婆罗门教，即后来的印度教。公元前5世纪末，产生了佛教，后来又出现了专修苦行的耆那教。因而印度的文化与宗教的关系非常密切，宗教性的建筑及内部设计代表了古代印度设计的最高成就。

　　孔雀王朝在公元前3世纪中叶统一了印度，在继承本土文化的基础上又融合了外来的一些文化，逐步形成佛教建筑设计的高峰。这一时期除了著名的桑契大窣堵坡建筑物之外，内部设计主要集中在举行宗教仪式的石窟建筑中，这种石窟通常被称为"支提"。支提多为瘦长的马蹄形，通常为沿纵向纵深布置，尽端成为半圆形后殿，两排石柱沿岩壁将空间划分为中部及两侧通廊，这种通廊实际上是没有实际用途、非常窄的假廊。后殿上方覆盖着半个穹隆，纵向则覆盖筒状拱顶，为了增加采光量，常常在大门厅的上方凿开一个火焰形的券洞，最著名的是卡尔里支提。

　　10世纪以后，印度各地普遍采用石材建造大量的婆罗门庙宇，其建筑的特点酷似塔状，外部的建筑形式决定着内部的筒形空间特点，空间结构并不是很发达，并保留着许多木结构的手法。公元1000—1300年，主要在印度北部建造了大量耆那教庙宇，其形制同印度教的相似，但较开敞一些。如图2-63所示，耆那庙宇的柱厅的平面通常为十字形，正中有八角形或圆形的藻井，以柱子和柱头上长长的斜撑支撑。建筑物内外一切部位都精雕细琢，装饰繁复，工艺精巧。

图2-63　千柱之庙柱厅

2. 古代日本的室内装饰

　　日本的古代建筑和建筑群，无论是在平面布局、结构、造型还是装饰细节方面，都同中国有共同的特点，室内也是一样。由于历史上两国的文化交流始终不断，尤其到中国的唐朝达到顶峰，因此日本的建筑及室内环境设计保存着比较浓厚的中国唐代设计风格特征。

　　日本的传统建筑及室内环境设计的特点是：与自然保持协调关系并和自然浑然一体。木材是日本建筑的基本材料，木架草顶、下部架空是日本建筑的传统形式。公元6世纪以后，随着中国文化的影响和佛教的传入，日本的建筑类型和形制更加多样化。

　　寝殿造是平安时代(784—1185年)出现的，它的空间布置特点是：供主人居住的是中央寝殿，左、右、后三面是眷属所住的对屋，寝殿与对屋之间有走廊相连，整个布局大致对称，房间几乎没有固定的墙壁，而是用隔扇状的拉门来划分空间，这种拉门非常轻巧，如将它们关闭起来，整个房间就会——隔开，如打开拉门，小房间又会顿然消失，变成一个大空间。

到了镰仓时代(1185—1333年)，住宅平面形式和内部分隔都变得复杂起来，直至室町时代形成了"书院造"。书院造住宅平面开敞，分隔更为灵活，简朴清雅。一幢房子的若干空间里，有一间地板略高于其他房间，且正面墙壁上划分为两个壁龛，左面宽一点的，叫押板，用于挂字画、放插花等清供；右面的是一个可以放置文具图书的博古架，叫作违棚，左侧墙紧靠着押板的一个龛叫副书院，右侧墙上是卧室的门，分为四扇，中间两扇可以推拉，两侧是死扇。这种门是由较粗的外框和里面的细木方格格栅组成的，糊有半透明的纸，既是墙壁，也是门窗，常被称为障壁。

日本人习惯席地而坐，最初在人常坐的地方铺上草编的席子，从室町时代(1338—1573年)开始与书院造的发展过程平行，逐渐形成在室内满铺地席，称为榻榻米，进而又使其模数化，一般1.8 m×0.9 m为一叠，一间为四叠半，大于四叠半的叫广间，小于四叠半的叫小间。

从桃山时代开始，日本形成了茶道，相应地也就出现了草庵式茶室，这种茶室很小，一般只有四叠半，室内除了一般的木柱、草顶、泥壁、纸门外，还常用不加斧凿的毛石做踏步或架茶炉，用圆竹做窗棂或悬挂搁板，用粗糙的苇席做障壁。柱、梁、檩、椽往往是带树皮的树干，不求修直。

继茶室之后又出现了田舍风的住宅，称为数寄屋。数寄屋平面布局规整而讲究实用，少一些造作的野趣，因此更显得自然平易，装饰上则习惯于将木质构件涂成黑色并在障壁上画一些水墨画。最具代表性的例子是江户时代京都的桂离宫，如图2-64所示。

图2-64　京都桂离宫

佛教传到日本后，中国唐朝的佛寺建筑开始在日本广泛流行。佛寺开始采用邸宅寝殿造形制，一正两厢，用廊子连接。一扇一扇从天花到地面的推拉门，在装饰上充满了贵重材料的点缀，花巧而繁复。后来的寺庙建筑受中国的影响更明显一些，出现了唐式和天竺式。其中天竺式的主要特点表现在结构上，其构架整体性强，比较稳定。最有代表性的是兵库县净土寺的净土堂，如图2-65所示。

图2-65　兵库县净土寺的净土堂

2.1.16　伊斯兰风格的室内装饰

公元6世纪末，由阿拉伯的穆罕默德创立了伊斯兰教并逐步扩大其影响力，8世纪在西亚、北非，甚至远至地中海西岸的西班牙等地建立了政教合一的阿拉伯帝国。虽然至9世纪帝国逐步解体，但是由于许多新兴王朝政治进步，经济繁荣，以及宗教信仰的强大力量，伊斯兰文化艺术一直稳定地向前发展。伊斯兰教信仰决定这些国家文化艺术具有共同的形式和内容，并在继承古波斯的传统上，吸取了西方希腊、罗马、拜占庭和东方的中国与印度的文化艺术，创立了世界上独一无二、光辉灿烂的伊斯兰文化。

建筑及室内装饰是伊斯兰文化的主要代表，尽管各个国家和地区的风格不尽相同，但伊斯兰建筑及内部设计都有基本的形式。伊斯兰宗教建筑的主要代表就是清真寺。早期的清真寺主要也采用巴西利卡式，分主廊和侧廊，只不过圣龛必须设在圣地麦加的方向。在10世纪出现的集中式清真寺，除保持巴西利卡的传统外，在主殿的正中辟出一间正方形大厅，上面架以大穹顶，内部的后墙仍然是朝向麦加方向的圣龛和传教者的讲经坛。

位于耶路撒冷的圣岩寺(见图2-66)是留存至今最古老的伊斯兰教建筑之一，建于7世纪的晚期。室内布局为集中式的八边形，中央为穹顶，穹顶的下部是20个带彩绘玻璃的拱窗。与穹顶对应的下面是穆罕默德"登霄"时用的圣岩，周围环有两重回廊。整个内部空间无论是空间布局、结构分布，还是立面造型都体现出一种简洁有力的几何形体美感。

8世纪初阿拉伯人占领了伊比利亚半岛，对西班牙建筑产生强烈的影响。科尔多瓦大清真寺(见图2-67)最能体现伊斯兰建筑室内环境设计的光辉成就，其风格基本与其他伊斯兰建筑一样，但又融入了西班牙的某些地方特色，同时也借鉴北非建筑的一些手法。大殿东西长126 m，南北宽112 m，有18排柱子，共648根，密如森林，相互掩映，渺无边际。柱头和顶棚之间重叠着两层马蹄形拱券，以削弱乡柱的单调，都用红砖和白色大理石交替砌筑。

图2-66　圣岩寺

图2-67　科尔多瓦大清真寺

　　突出室内整体装饰效果是伊斯兰艺术的一个重要特征。这种装饰效果主要分为两大类，一类是多种花式的拱券和与之相适应的各式穹顶。它们在装饰上具有强烈的效果，在叠层时具有蓬勃升腾的热烈气势。另一类是内墙装饰，往往采用大面积表面装饰。

伊斯兰建筑内部设计不仅重视装饰艺术，而且在室内陈设上也有很高的追求。伊斯兰纺织工艺发达，早在古波斯时期就有传统的纺织工艺。清真寺宫殿以及住宅除地面铺满了精致的地毯，墙壁也悬挂着华丽的挂毯。人们还大量使用锦缎，制作帷幕挂饰和坐垫，其中丝织拜垫是宗教活动中非常重要的用品，因为虔诚的穆斯林教徒每天要祈祷五次。拜垫面积不大，但编织得却异常考究。

2.2 现代室内环境设计的社会背景与发展

PPT讲解

创造具有文化价值、满足现代功能的生活环境是现代室内环境设计的出发点。因此，优秀的室内环境设计师必须了解社会、了解时代，应对现代人类生活环境及其文化艺术的背景及发展有一个总体的认识和把握。

2.2.1 工艺美术运动和新艺术运动时期的室内环境设计

19世纪中叶以后，伴随着工业革命的蓬勃发展，建筑及室内环境设计领域进入一个崭新的时期。此时折中主义由于缺乏全新的设计观念不能满足工业化社会的需要，自然要退出历史舞台。工业革命后建筑大规模发展造成设计千篇一律、格调低俗，而且施工质量粗制滥造，对人们的居住和生活环境产生了恶劣影响。在这种情况下，现代设计形成一股强大的反作用力，反对保守的折中主义，也反对工业化的不良影响，进而引发建筑室内环境设计领域的变革，进而出现工艺美术运动和新艺术运动。

1. 工艺美术运动

工艺美术运动又称"艺术与手工艺运动"，于19世纪中叶起源于英国，进而影响到欧洲、美国等其他国家和地区。这场运动是一批艺术家为了抵制工业化对传统建筑、传统手工业的冲击，通过建筑和产品设计而发起的一个设计运动。他们抵制粗制滥造的机械产品，对折中主义导致的设计风格上的混乱也很反感。

引起这场设计革命的最直接的原因是工业革命后机器化大生产所带来的与艺术领域的冲突，即借助机器批量生产缺乏艺术性产品的同时，也丧失了先辈艺术家的审美性。诗人和艺术家莫里斯是这场运动的先驱。他主张艺术与技术相结合，主张艺术家、设计师向大自然学习，提倡设计大众化、平民化。1859年，他邀请原先做哥特风格设计的事务所的同事韦伯为其设计住宅——红屋，如图2-68所示，这个红色清水墙的住宅，融合了英国乡土风格及17世纪意大利风格，力图创造安逸、舒适而不庄重、刻板的室内气氛。

"红屋"之后，这种审美情趣的逐步扩大，使工艺美术运动蓬勃发展起来。1861年莫里斯等人成立设计事务所，专门从事手工艺染织、家具、地毯、壁纸等室内实用艺术品的设计与制作。莫里斯事务所设计的家具就采用拉斐尔前派爱用的暗绿色来代替赤褐色，壁纸织物设计成平面化的图案。室内装饰上，木制的中楣将墙划分成几个水平带，最上部有时用连续的石膏花饰，或是贴着镏金的日本花木图案的壁纸。陈设上喜爱具有东方情调的古扇、青瓷、挂盘等装饰。莫里斯等人的学术思想虽然内涵深刻，但其工艺美术运动本身更多地关心手工艺趣味，最后渐渐地走上了唯美主义的道路。

图2-68 红屋

2. 新艺术运动

"新艺术运动"是19世纪末20世纪初在欧洲和美国产生和发展的一次影响非常大的设计运动，新艺术运动反对在艺术和设计上照搬历史上的各种装饰风格和折中主义倾向，反对忠实模仿大自然；主张艺术家设计师到大自然中寻求自然美的本质，挖掘探索自然界中动植物的生长规律；在艺术创作和产品设计中运用流畅曲折的线条、相互交织和盘根错节的动植物纹样来表现大自然旺盛的生命力；反对把艺术和设计划分为大艺术与小艺术，主张纯艺术与手工艺相结合，强调创造出一种和谐统一的整体艺术；热衷于传统手工艺，崇尚日本"浮世绘"等东方装饰艺术风格；强调哥特式的自然风格装饰和手工艺的美。

新艺术运动不同于工艺美术运动的是它并不完全反抗工业时代，而是积极地运用工业时代所产生的新材料和新技术，在室内环境设计上体现了追求适应工业时代精神的简化装饰。主要特点是装饰主题模仿自然界草本形态的流动曲线，并将这种线条的表现力发展到前所未有的程度，产生出非同一般的视觉效果。

法国是新艺术运动的发祥地，1889年由桥梁工程师埃菲尔设计的埃菲尔铁塔是法国新艺术运动的精彩之作。法国新艺术运动有两个重要的发展中心：巴黎和南锡。巴黎是法国新艺术运动的中心，设计范围包括建筑、家具、产品、室内环境设计和平面设计等，其中"新艺术之家""现代之家"和"六人集团"三个重要的设计事务所都在这里诞生。

"六人集团"成立于1898年，是法国新艺术运动影响较大的设计组织，其在建筑、家具、室内装饰和日用品等方面的设计，体现出鲜明的新艺术运动的特点与风格。在其成员中，赫克托·吉玛德取得的成绩是最突出的，他设计了著名的巴黎地下铁路入口处的装饰，采用金属铸造技术和新艺术运动设计手法，使地铁入口处的装饰具有典雅富丽而不失自然的特征。

比利时的新艺术运动，由于受到国内资产阶级民主主义思想和英国工艺美术运动的影响，艺术家、设计师们提出了"人民的艺术和为人民大众设计"的口号，具有极其创新的设计核心精神。亨利·凡·德·威尔德不仅是比利时新艺术运动的重要代表，也是世界现代设计史上的重要人物，他提倡技术第一性的原则，主张艺术与技术相结合，反对艺术和技术相分离，一方面强调工艺和装饰的理性，宣扬设计和批量生产中的合理化；另一方面又坚持设计师艺术的个性化，反对标准化给设计带来的局限。他创建的魏玛工艺美术学校是包豪斯的前身。

维克多·霍塔是新艺术风格的奠基人。他的住宅即霍塔住宅，是新艺术运动的代表作品之一。住宅空间整体流畅、生动活泼，把不同属性的材料相互搭配，不同语言的形式相互糅合在一起。另一个作品塔塞尔公馆(见图2-69)是霍塔更为成熟的作品，代表着霍塔此后的城市住宅的风格。在塔塞尔公馆，霍塔打破了传统方案，建造了一座由三个不同部分组成的住宅。两个相当传统的砖石建筑物中一个临街，一个面向内侧花园，由一个被玻璃覆盖的钢结构所连接。后者发挥了住宅空间构成中连接部的作用，包含了连接不同房间和楼层的楼梯。玻璃天花板将自然光带到了建筑中央。住宅的中央部分通常用来招待客人，霍塔在此处竭尽其作为室内环境设计师之所能，设计了每个细节，如门把、木工、彩色玻璃窗户和镶板、马赛克地板、楼梯扶手、电器厨具乃至装饰壁画和家具，成功地将奢华的装饰整合起来而又不掩盖总体建筑结构的光芒。

图2-69　塔塞尔公馆

霍塔的设计特色还不局限于这些活泼、有活力的线型，他对现代室内空间的发展也颇有贡献。用模仿植物的线条，把空间装饰成一个整体，他设计的空间通敞、开放，与传统封闭式空间截然不同。另外他在色彩处理上也十分轻快响亮，这些也蕴涵了现代主义设计的许多思想。

2.2.2　现代主义运动时期的室内环境设计

19世纪末20世纪初，随着欧美等西方国家工业技术的迅速发展，新的设备、机械、工具不断被发明，在生产力水平不断提高的情况下，原有的经济结构、阶级关系和生活方式出现了众多新问题，现代主义应运而生。

现代主义设计肯定工业化大生产，运用新技术新材料进行设计，提倡艺术与技术相结合和"机器美学"，反对因袭传统，厌恶附加的装饰，强调"功能第一形式第二"的功能主义，用科学的客观的理性精神进行设计，希望通过现代设计来提高社会发展水平，改善人民生活，从而消除社会的不公平，表现出强烈的民主主义精神和理想主义思想。

现代主义设计观念和运动的兴起与发展过程大致可分为三个阶段：19世纪中叶到20世纪初，为现代主义设计的酝酿和准备阶段，比如工艺美术运动、新艺术运动、装饰艺术运动和德国的工业同盟、荷兰风格派、俄国构成主义等，逐渐显露了现代主义设计的基本特征。1919年格罗皮乌斯创建德国巴豪斯是现代主义设计发展的高峰阶段。1933年包豪斯解体，包豪斯的设计大师们把他的精神带到了美国，使现代主义设计很快发展为国际主义风格，1972年美国圣路易市普鲁迪·艾戈住宅的拆除标志着现代主义设计的终结。

20世纪初，由于钢筋混凝土浇筑技术的推广，建筑行业已经出现了许多根本性的转变，新观念、新技术、新材料大量运用。大型框架预制构件的施工速度大大提高，成本大为降低，人力更多地被机械所替代，简洁的方块结构逐渐取代了繁缛的表面装饰，城市的面貌迅速变化着。

被誉为"现代建筑支柱"的著名国际设计大师们，以他们各具特色的设计风格和设计观念，在不同领域丰富的设计实践中，完善并发展了新建筑运动。

勒·柯布西耶是一名想象力丰富的建筑师，他对理想城市的诠释、对自然环境的领悟以及对传统的强烈信仰和崇敬都相当别具一格。作为一名具有国际影响力的建筑师和城市规划师，他是善于应用大众风格的稀有人才，他能将时尚的滚动元素与粗略、精致等因子进行完美的结合。他用格子、立方体进行设计，还经常用简单的线条、一般的方形、圆形及三角形等图形建成看似简单的模式。作为一名艺术家，勒·柯布西耶懂得控制体积、表面以及轮廓的重要性，他所创造的大量抽象的雕刻图样也体现了这一点。因此，在勒·柯布西耶的设计中，通过大量的图样以产生一种栩栩如生的视觉效应占据了支配地位，而其建筑模式转化为建筑实物的情况如同艺术家在陶土的模子上进行雕刻和削减一样。通过精心的设计，在明暗光线的对比下，他成功地将有限的空间最大化，并能使其产生良好的视觉效果。

马塞公寓和朗香教堂(见图2-70和图2-71)是勒·柯布西耶的代表作品。朗香教堂造型奇异，平面不规则；墙体几乎全是弯曲的，有的还倾斜；塔楼式的祈祷室外形像座粮仓；沉重的屋顶向上翻卷着，它与墙体之间留有一条40 cm高的带形空隙；粗糙的白色墙面上开着大大小小的方形或矩形的窗洞，上面嵌着彩色玻璃；入口在卷曲墙面与塔楼交接的夹缝处；室内主要空间也不规则，墙面呈弧线形，光线透过屋顶与墙面之间的缝隙和镶着彩色玻璃的大大小小的窗洞投射下来，使室内产生了一种特殊的气氛。

瓦尔特·格罗皮乌斯是公立包豪斯学校的创办人，他在学校里专门开设了建筑系，并由他亲自领导，建立起集教学—研究—生产于一体的现代教育体系。图2-72所示为格罗皮乌斯设计的包豪斯校舍，它被誉为现代建筑设计史上的里程碑。这座"里程碑"包括教室、礼堂、饭堂、车间等，具有多种实实在在的使用功能，楼内的一间间房屋面向走廊，走廊面向阳光用玻璃环绕。格罗皮乌斯让包豪斯的校舍呈现为普普通通的四方形，尽情体现着建筑结构和建筑材料本身质感的优美和力感，令世人看到了20世纪建筑直线条的明朗和新材料的庄重。特别是，对于建筑的外层面，不用墙体而用玻璃，这一创举为后来的现代建筑广泛采用。今天，在世界许多城市依旧可见许多格罗皮乌斯"里程碑"式样的楼宇，它们矗立在我们这一代人生活的视野中，证明着一种富有远见的思想和行动的伟大。

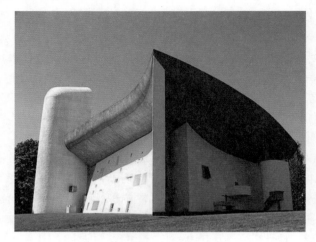

图2-70　朗香教堂

图2-71　朗香教堂窗子

图2-72　包豪斯校舍

密斯·凡·德·罗的贡献在于通过对钢框架结构和玻璃在建筑中应用的探索，发展了一种具有古典式的均衡和极端简洁的风格。他提出了"少则多"的设计理论，提倡纯净、简洁的建筑设计形式。1929年密斯设计了巴塞罗那国际博览会的德国馆，以其空敞的内部空间设计、优雅而单纯的现代家具设计样式，使得他在当时设计界成为备受瞩目的现代设计家。其作品的特点是整洁和骨架外露的外观、灵活多变的流动空间以及制作精致的细节。他早期的工作展示了他对玻璃窗体的大量运用，这使之成为其成功的标志。同时，他提倡把玻璃、石头、水以及钢材等物质加入建筑行业的观点也经常在他的设计中得以运用。密斯·凡·德·罗运用直线特征的风格进行设计，但在很大程度上视结构和技术而定。在公共建筑和博物馆等建筑的设计中，他采用对称、正面描绘以及侧面描绘等方法进行设计；而对于居民住宅等，则主要选用不对称、流动性以及连锁式等方法进行设计。西格拉姆大厦是世界上第一座玻璃盒子的高层建筑，如图2-73所示，它完全没有任何装饰。为了达到减少主义的最高形式要求，使建筑表面体现出格子式的工整网状形式，密斯·凡·德·罗和菲利普·约翰逊甚至为这座大厦设计了特殊的遮阳窗帘，他设计的所有卷帘式窗帘只有三种开合方式：完全打开、完全关闭、一半开合，因此，可以达到工整的外表形式要求。室内完全不安排任何装饰，黑白两色的色彩计划、单调的几何形态，体现出他追求极少主义的动机，而功能则往往屈从于形式目的。

图2-73 西格拉姆大厦

弗兰克·劳埃德·赖特是美国的一位著名的建筑师，在世界上享有盛誉。他设计的许多建筑是现代建筑中有价值的瑰宝。赖特对现代建筑有很大的影响，但是他的建筑思想和欧洲新建筑运动的代表人物有明显的差别，他走的是一条独特的道路。赖特认为住宅不仅要合理安排卧室、起居室、餐橱、浴厕和书房，而且还要能增强家庭的内聚力，他的这一认识使他在新的住宅设计中把火炉置于住宅的核心位置，使它成为必不可少但又十分自然的陈设。赖特的草原式的住宅反映了人类活动、目的、技术和自然的综合，它们使住房与宅地发生了根本性的改变，花园几乎深入到了起居室的心脏，内外混为一体，就如同人的生命。这样，居室就在自然的怀抱之中。如图2-74和图2-75所示，流水别墅的建筑造型和内部空间达到了伟大艺术品沉稳、坚定的效果。不同凡响的室内使人犹如进入一个梦境，通往巨大的起居室空间的过程，正如经常出现在赖特作品的特色一样，必然先通过一段狭小而昏暗的有顶盖的门廊，然后进入反方向的主楼梯。赖特对自然光线的巧妙掌握，使内部空间仿佛充满了盎然生机，光线流动于起居室的东、南、西三侧，最明亮的部分光线从天窗一泻而下，一直通往建筑物下方，整个起居室空间的气氛，随着光线的明度变化，显现出多样的风采。

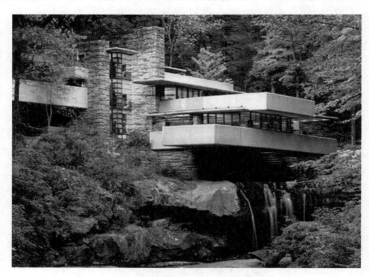

图2-74　流水别墅

图2-75　流水别墅内部

阿尔瓦·阿尔托是芬兰建筑师和家具设计师，是现代建筑学的先驱，他把芬兰的建筑传统结合到现代欧洲建筑中去，形成了既有浪漫主义又有地方特色的风格。阿尔托主要的创作思想是探索民族化和人情化的现代建筑道路。他认为工业化和标准化必须为人的生活服务，适应人的精神要求。他最著名的建筑包括他在土尔库的家、芬兰珊纳特赛罗市政中心(见图2-76和图2-77)、帕伊米奥肺结核疗养院以及为1939年纽约世界商业博览会设计的芬兰馆等。芬兰珊纳特赛罗市政中心建筑群全部采用简单的几何形式，但在材料的使用上具有斯堪的纳维亚特点，即使用红砖、木材、黄铜等，既具有现代主义的形式，又有传统文化的特色，是把现代功能和传统审美结合得非常好的例子，在斯堪的纳维亚地区受到广泛的注意和模仿。

图2-76　芬兰珊纳特赛罗市政中心

图2-77　芬兰珊纳特赛罗市政中心局部

在20世纪20—30年代，持有现代主义建筑思想的建筑师们设计出来的建筑作品，有一些相近的形式特征，如平屋顶、不对称的布局、光洁的白墙面、简单的檐部处理、大小不一的玻璃窗、很少用或完全不用装饰线脚等。这样的建筑形象一时间在许多国家出现，于是有人给它起了一个名称叫"国际式"建筑。 现代主义建筑思想在20世纪30年代从西欧向世界其他地区迅速传播。由于德国法西斯政权敌视新的建筑观点，瓦尔特·格罗皮乌斯和密斯·凡·德·罗先后被迫迁居美国，包豪斯学校被查封。但包豪斯的教学内容和设计思想却对世界各国的建筑教育产生了深刻的影响。现代主义建筑思想先是在实用为主的建筑类型如工厂厂房、中小学校校舍、医院建筑、图书馆建筑以及大量建造的住宅建筑中得到推行，到了50年代，在纪念性和国家性的建筑中也得到实现，如联合国总部大厦和巴西议会大厦。到了20世纪中叶，现代主义思潮仍在世界建筑潮流中占据主导地位。

2.2.3 国际主义风格时期的室内环境设计

在设计领域，国际主义设计风格早在二十世纪二三十年代已经出现，到五六十年代发展到高潮，实际上国际主义设计风格是现代主义设计运动的思想、形式等在世界各国的表现，是现代主义设计在特定发展阶段的称谓，所以国际主义风格与战前欧洲的现代主义设计运动是同宗同源的。

德国包豪斯的领导人基本都在美国主持过大部分重要的建筑学院的领导工作，贯彻包豪斯思想和体系，从而形成了新的现代主义，即国际主义风格。但是，从意识形态的内容来看，国际主义风格与战前欧洲的现代主义设计已经大相径庭，虽然形式上颇为接近，但是思想实质却有了很大的距离。现代主义设计追求的是功能，只要功能符合，形式不是那么重要。但是国际主义在这点上却完全颠覆了现代主义设计的思想，成了形式至上的风格。

粗野主义——以保留水泥表面模板痕迹，采用粗壮的结构来表现钢筋混凝土的"粗野主义"，是以柯布西耶为代表人物的，追求粗鲁的、表现诗意的设计是国际主义风格走向高度形式化的发展趋势。图2-78和图2-79所示为马赛公寓，它是粗野主义达到成熟阶段的标志，粗野主义对现代建筑思潮演变起了较大的作用。

图2-78 马赛公寓

图2-79　马赛公寓内部

　　典雅主义讲究结构精细、简洁利落，是第二次世界大战后美国官方建筑的主要思潮。它吸取古典建筑传统构图手法，比例工整严谨，造型简练轻快，偶有花饰，但不拘泥于形式；以传神代替形似，建筑风格庄重精美，通过运用传统美学法则来使现代的材料与结构产生规整、端庄、典雅的安定感。建筑师与工程师进行合作创新并取得伟大成就的芝加哥约翰·汉考克大厦(见图2-80和图2-81)被认为是美学和结构创新的大胆结合，曾引起人们的极大关注。其室内环境设计同建筑设计一样具有比较讲究的典雅主义细节，是尺度适宜、整洁、优雅、安静的室内环境。

图2-80　约翰·汉考克大厦

图2-81　约翰·汉考克大厦内部

　　有机功能主义以粗壮的有机形态，结合现代建筑材料设计大型公共建筑空间，突出代表人物是美国建筑师埃罗·沙里宁，他被称为有机功能主义的主将。有机功能主义风格是将有机形态和建筑结构结合，打破了国际主义建筑简单立方体结构的刻板面貌，增加了建筑内外的形式感。沙里宁设计的麻省小教堂与他以往的作品不同，该作品完成于1955年，如图2-82至图2-84所示，其简单的圆柱形，内部复杂而神秘，用简单的体型隐藏了内部给人以震撼的光线效果。除了起伏的墙，室内环境设计没有表现出沙里宁的主要设计特点，但仍然创造了令人印象深刻的气氛。白色大理石祭坛上方是哈里·贝尔托亚设计的金属雕塑，从天窗挂下，在阳光下闪闪发光。这个雕塑是光的瀑布，通过它，可以不断改变教堂内部的光影效果。从远处看，沙里宁的教堂是砖建筑，与附近校园内的宿舍和旧建筑物保持一致。室内好像一个动态的灯箱，吸收和过滤从天窗进来的光线，变化的光让小教堂处于不断的变化之中。沙里宁注重有关光的细节，通过对纯净的光的塑造，以及对一个超炫的白色大理石块坛的聚焦，创造了一个神秘安静的场所。

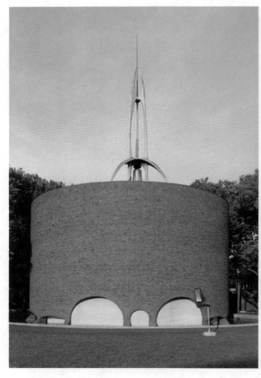

图2-82　麻省小礼堂

图2-83　麻省小礼堂内部

　　20世纪60年代以后，现代主义设计继续占主导地位，国际主义风格发展得更加多样化。与此同时，环境的观念开始形成，建筑师思考的领域扩大到阳光、空气、绿地、采光照明等综合因素。室内外空间的分界进一步模糊，高楼大厦内开始出现街道和大型庭院广场，公共空间中强调休闲与娱乐等更富有人性化的氛围。约翰·波特曼是本时期的主要代表人物之一，他的作品桃树中心综合建筑群始建于1960年，最早开业的是其中的亚特兰大商业购物中

心，还包括威斯汀桃树市广场酒店、亚特兰大凯悦丽晶酒店(见图2-85)和亚特兰大马奎斯万豪
酒店(见图2-86)。

图2-84　麻省小礼堂墙面　　　　　　　　图2-85　亚特兰大凯悦丽晶酒店

图2-86　亚特兰大马奎斯万豪酒店

2.2.4 后现代主义时期的室内环境设计

现代设计产生于20世纪20年代，是从建筑设计上发展起来的一种设计运动，并在欧美等国家流行发展。"现代设计"作为设计的信条一直繁荣到20世纪70年代。在现代主义的影响下，从建筑设计上发展起来的"国际主义风格"在20世纪50年代晚期达到发展的鼎盛时期，垄断了整个建筑界。但是，现代主义风格的冷漠、单调、毫无个性的设计理念也致使许多青年建筑家与设计师们感到厌倦，急于寻找和发现一种全新的表达方式，后现代主义设计风格便应运而生。

后现代主义设计，首先发端于建筑界，然后迅速扩展到工业产品等设计领域。罗伯特·文丘里在他的《建筑的复杂性与矛盾性》一书中，针对密斯提出的现代主义建筑设计"少则多"的口号，提出了"少则烦"信条，成为后现代主义最早的宣言。后现代主义建筑设计的风格与流派多种多样，其中解构主义、高科技风格和新现实主义是比较突出的。约翰·伍重参与设计的澳大利亚悉尼歌剧院成为后现代主义建筑风格的杰出代表作品，其外部造型采用的是仿生设计的手法。

与建筑设计的后现代主义一样，后现代主义风格的室内环境设计出现于现代主义风格之后。后现代主义旨在反对现代主义设计片面追求功能和冷酷的理性主义设计思想，特别是对国际主义风格一统天下的论调表示出极大的反感。后现代主义设计是指在艺术、电影、建筑等领域中产生的各种被视为与现代文化产品不同的那些文化产品，具有多元化、模糊性、开放性和强调设计的个性与民族特性等特征，常常采用隐喻、折中、夸张等设计手法，通过借鉴历史风格来增加设计的文化内涵，同时反映出一种幽默与风趣之感。

后现代主义设计反对"少即是多"的传统理念，其设计手法一种是通过运用传统的室内构建与新的方式加以组合，另一种是将传统建筑构件或室内构件与新的构件混合、叠加，最终求得设计语言的双重译码和含混的特点。后现代主义设计并不是简单地回归古典，而是在现代科技的帮助下，利用新材料对古典符号进行再创作。这种设计手法给人以耳目一新的感觉，让人感受空间的趣味性。其实还有很多古典文脉的符号可以被设计师提炼、应用、重新组合、重新创造。

图2-87所示的美国电话电报公司总部大楼，是后现代建筑的代表之一，其大楼结构是现代的，但在形式上则一反现代主义、国际主义的风格，采用传统的石头贴面材料，采用古典的拱券，顶部采用三角山墙并在三角山墙中部调侃似的打开一个圆形缺口，由此体现了后现代主义的基本建筑风格：装饰主义和现代主义的结合，历史建筑的借鉴，折中式地混合采用历史风格，游戏性和调侃性地对待装饰风格。

后现代主义风格强调建筑及室内装饰应具有历史的延续性，但又不拘泥于传统的逻辑思维方式，探索创新造型手法，讲究人情味，常在室内设置夸张、变形的柱式和断裂的拱券，或把古典构件的抽象形式以新的手法组合在一起，即采用非传统的混合、叠加、错位、裂变等手法和象征、隐喻等手段，以花梗、花蕾、葡萄藤、昆虫翅膀以及自然界各种优美、波状的形体图案等为设计元素，体现在墙面、栏杆、窗棂和家具等装饰上；大量使用铁制构件，将玻璃、瓷砖等新工艺，以及铁艺制品、陶艺制品等综合运用于室内，注意室内外沟通，竭力给室内装饰艺术引入新意。图2-88所示为后现代主义风格的装饰案例。

图2-87 美国电话电报公司总部大楼

图2-88 后现代主义风格的装饰案例

后现代主义在室内环境设计上的设计特点如下。

1. 隐喻的和装饰的设计

装饰几乎是后现代主义设计的一个最为典型的特征，这是后现代主义反对现代主义、国际风格的最有力的武器。后现代主义对现代主义全然摒弃的古典主义异常关注，他们不搞纯粹的复古主义，而是将各种历史主义的动机和设计中的一些手法和细节作为一种隐喻的词汇，采用折中主义的处理手法，开创了装饰主义的新阶段。后现代主义的装饰风格体现了对文化的极大包容性，这里既包括传统文化，也包括现行的通俗文化：古希腊、古罗马、中世纪的哥特式艺术、文艺复兴、巴洛克、洛可可以及20世纪的新艺术运动、装饰艺术运动、波普艺术、卡通艺术等任何一种艺术风格。运用的手法更是不拘一格：借用变形、夸张、综合甚至是戏谑或嘲讽。汉斯·霍莱恩设计的玛丽莲沙发就综合了古罗马、波普艺术和装饰艺术运动的风格特征，如图2-89所示。

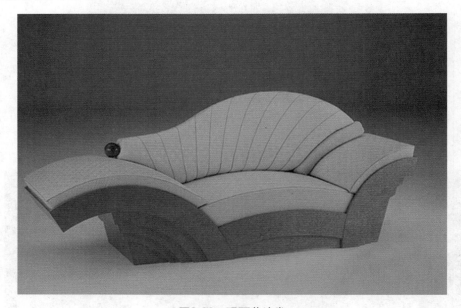

图2-89 玛丽莲沙发

2. 想象的和情感的设计

后现代主义设计将诗意重新带回我们的生活。图2-90所示为仓右四郎设计的金属沙发，它有一个非常浪漫的名字——《月亮真高啊》，镂空的金属框架在灯光的掩映下让人想起婆娑树影背后的一轮明月。现代主义者认为，设计并不只是解决功能问题，还应该考虑到人的情感问题。例如，安德勒·伯兰滋将许多非设计师所知道的东西上升为理论。他设计了一系列名为"家养动物"的家具，把西欧人对意识的兴趣与北美人对某些宠物的兴趣融为一体。这些设计是非常有亲和力的，既不是设计适应人，也不是人适应设计，而是二者亲切、自由的对话。

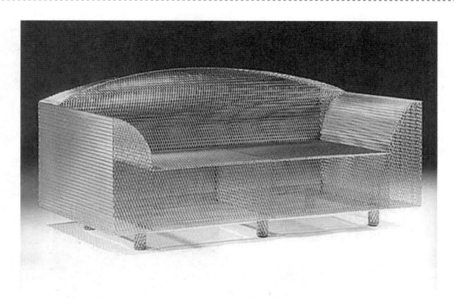

图2-90 金属沙发

3. 仪式化的特征

后现代主义设计中这种仪式化特征主要是针对过分强调功能而使生活变成了一种机器运转般毫无感情色彩的动作而引发的一种设计倾向。吃饭不仅仅是一个吞咽的过程，更是一种氛围的营造：环境、餐具、食物的颜色和味道，包括进餐的动作，都是仪式的一部分，它让我们感受过程、感受存在的意义以及人与物的交流、对话。

选择一件设计不仅是为了使用，还是为了寻找自我的象征性。房子仅仅用来居住是远远不够的，消费者对设计的选择与使用过程更多地体现了一种信仰，并以此将自己与其他人区分开，归属到特定的社会群体中。

4. 有爱心的设计

这句话其实也可以说成是另外的功能主义，是对现代主义所倡导的功能主义的丰富和超越，即将理性的、逻辑的功能发展为既有生理的功能，又有心理的功能的新功能主义。斯图普创造了一个短语，叫"没有缘由的困难"，即人们可以将东西放在他喜欢用的地方而不是应该放的地方。比如，把电话放在办公桌附近的窗前，接电话时可以顺便看看窗外的风景，放松一下心情，虽然这有点不方便。但是，从另一个角度来讲，这实质上是对人的一种更加体贴的设计：人不是一个工作的机器，而是一个有工作能力，但同时需要生活、需要关怀和体贴的智慧生物。

2.2.5 现代主义和后现代主义以后的室内环境设计

20世纪70年代以来科技和经济的飞速发展，使人们的审美观念和精神需求发生了明显的变化。同时，室内环境设计获得了前所未有的发展，呈现出一派色彩缤纷、变化万端的景象。

　　高技派风格在建筑及室内环境设计形式上主要突出工业化特色和技术细节，强调运用新技术手段反映建筑和室内的工业化风格，创造出一种富有时代情感和个性的美学效果。内部结构外翻，显示内部构造和管道线路，强调工业技术特征是其设计风格的特点，强调用透明和半透明的空间效果来分隔空间，充分展现"机械美学"的设计理念，如图2-91所示。

图2-91　法国蓬皮杜国家艺术中心

　　解构主义作为一种风格的形成是在20世纪80年代后期开始的，它是对具有正统原则与正统标准的现代主义与国际主义风格的否定与批判。它虽然运用现代主义的词汇，但却从逻辑上否定传统的基本设计准则，而利用更加宽容的、自由的、多元方式重新建立设计体系，刻意追求毫无关系的复杂性，无关联的片段与片段的叠加、重组，具有抽象的废墟般的形式和不和谐性。其作品极度地采用扭曲错位和变形的手法，使建筑物和室内表现出无序、失稳、突变、动态的特征。图2-92和图2-93所示为西班牙毕尔巴鄂古根海姆博物馆。

图2-92　西班牙毕尔巴鄂古根海姆博物馆

图2-93　毕尔巴鄂古根海姆博物馆内部

极简主义是对现代主义"少即是多"纯净风格的进一步精简和抽象，后逐步发展成为"少即是一切"的原则，抛弃视觉上多余的元素，强调设计的空间形象及物体的单纯、抽象，采用简洁明晰的几何方式，使作品简洁有序而有力量。极简主义的室内环境设计一般将室内各种设计元素精简到最少，大尺度低限度地运用形体造型，注意材质与色彩的个性化运用，并充分考虑光与影在空间中所起的作用且追求设计的几何性和秩序感。图2-94所示为极简主义室内装饰案例。

图2-94　极简主义室内装饰案例

　　新古典主义也被称为历史主义，是现代社会比较普遍流行的一种风格。它主要是运用传统美学法则并使用现代材料与结构进行室内空间设计，追求一种归整、端庄、典雅的设计潮流，反映出现代人们的怀旧情绪和传统情结，号召设计师们到历史中寻找美感。新古典主义的具体特征为：追求典雅的风格，并用现代材料和加工技术去追求传统；对历史中的式样用简化的手法，且适度地进行一些创造；注重装饰效果，往往照搬古代家具、灯具及陈设艺术品来烘托室内环境气氛。图2-95所示为新古典主义室内装饰案例。

图2-95　新古典主义室内装饰案例

　　新地方主义与现代主义趋同的"国际式"相对立，新地方主义主要是强调地方特色或民俗风格的设计创作倾向，提倡因地制宜的乡土味和民族化的设计原则。由于地域的差异，新地方主义没有严格的一成不变的规则和确定的设计模式，设计时发挥的自由度较大，设计中尽量使用地方材料和做法以反映某个地区的艺术特色。图2-96所示为新地方主义室内装饰案例。

　　超现实主义在室内环境设计中营造出一种超越现实的充满离奇梦幻的氛围，通过别出心裁的设计，力求在有限的空间中创造一种无限空间的感觉，创造"世界上不存在的世界"，甚至追求一种太空感和未来主义倾向。超现实主义设计手法离奇、大胆，产生出人意料的室内空间效果。超现实主义一般有如下特征：设计奇形怪状的令人难以捉摸的内部空间形式；运用浓重、强烈的色彩及五光十色、变幻莫测的灯光效果；陈设并安放造型奇特的家具和设施。图2-97所示为超现实主义室内装饰案例。

　　进入20世纪80年代以来，随着室内环境设计与建筑设计的逐步分离，以及追求个性与特色的商业化要求，室内环境设计所特有的流派及手法已日趋丰富多彩，因而极大地拓展了室内空间环境的面貌。除上述列举的流派外，还有一些诸如孟菲斯派、白色派、光亮派、新表现主义派、听觉空间派、东方情调派、文脉主义派、超级平面美术派、绿色派等风格流派也都具有一定的影响力。

图2-96 新地方主义室内装饰案例　　　　图2-97 超现实主义室内装饰案例

本章小结

　　学习室内环境设计，首先应对室内环境设计的发展历史有基本的了解，从各阶段、各地域的室内环境设计发展史入手，了解室内环境设计的发展状况。

思考题

　　(1) 室内装饰风格有哪些？
　　(2) 现代主义和后现代主义时期的室内环境设计有什么区别与联系？

课堂实训

　　实训课题：用典型实例说明洛可可风格的特点
　　要求：选择实例必须典型且符合洛可可风格，分析说明要求实事求是、理论联系实际，配图清晰得当，字数不少于1500字。

第3章

室内设计的风格

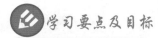

学习要点及目标

- 掌握室内设计的各类风格。
- 了解现阶段较为流行的设计风格。

本章导读

　　室内设计风格的形成，是不同的时代思潮和地区特点通过创作构思和表现，逐渐发展成为具有代表性的室内设计形式。一种典型风格的形式，通常是和当地的人文因素与自然条件密切相关，又需要创作中的构思和造型的特点，从而形成风格的外在和内在因素。风格虽然表现于形式，但具有艺术、文化、社会发展等深刻的内涵，从这一深层含义来说，风格又不等同于形式。需要着重指出的是，一种风格一旦形成，它又能积极或消极地转而影响文化、艺术以及诸多的社会因素，并不仅仅局限于作为一种形式表现和视觉上的感受。当今对室内设计风格的分类，还正在进一步研究和探讨，本章后述的风格名称及分类也不作为定论，仅是作为阅读和学习时的借鉴和参考，希望对我们的设计分析和创作有所启迪。

3.1　传统风格

　　传统风格的室内设计，是在室内布置、线型、色调以及家具、陈设的造型等方面，吸取传统装饰"形""神"的特征。例如吸取我国传统木构架建筑室内的藻井天棚、挂落、雀替的构成和装饰，明、清家具造型和款式特征。又如西方传统风格中仿罗马风、哥特式、文艺复兴式、巴洛克、洛可可、古典主义

PPT讲解

等，其中如仿欧洲英国维多利亚或法国路易式的室内装潢和家具款式。此外，还有日本传统风格、印度传统风格、伊斯兰传统风格、北非城堡风格等。传统风格常给人们以历史延续和地域文脉的感受，它使室内环境突出了民族文化渊源的形象特征。

3.1.1　中国传统风格

　　20世纪末，随着中国经济的不断复苏，在建筑界涌现出了各种设计理念，而国学的兴起，使得国人开始用中国文化的角度审视周边事物，随之而起的中国传统风格设计也被众多的设计师融入其设计理念，可以说20世纪初的中国建筑有了中式风格设计复兴的趋势。

　　中国传统风格并非完全照搬复古式的明清时代的设计，而是通过中式古典的主要特征来展现出中式风格，表达了对清雅含蓄、端庄风华的东方式精神界的追求。

　　中国传统风格引用了明清时期木雕的手法，将木雕等装饰物引用在中式家居环境中，展现出了更加沉稳、内敛的气质。在中式装修风格中随处可见的木制品和令人惊叹的雕刻技艺就成了中式装修不可或缺的元素。

　　中式装修风格是对传统中国家居文化的一种体现，如果想要得到更好的中式装修效果，

古色古香的装饰是少不了的，大型的有屏风、博古架，小型的有挂画、陶瓷、茶杯等。

　　中国传统居室崇尚庄重和优雅，在家居和建筑中的体现就是两两对称、四平八稳。从材质上来说，中式装修主要以木材为主，展现出传统中式风格的厚实沉稳的精神气质，而且中式家居环境讲究主次分明，追求对称的空间布局和家具摆设，能够体现出了经过历史沉淀的庄重和优雅。可以在中式装修风格中看出方正且对称的装修效果。

　　空间上非常讲究层次，这与中国传统伦理观念不无关系。在中式装修风格中，多采用"垭口"、简约化的"博古架"、中式屏风或者窗棂来进行空间划分。如图3-1所示为紫禁城"倦勤斋"，它采用实木做出结实的框架，以固定支架，中间用棂子雕花，做成古朴的图案。

图3-1　紫禁城"倦勤斋"

　　门窗对确定中式风格很重要，因中式门窗一般均是用棂子做成方格或其他中式的中式传统图案，用实木雕刻成各式题材造型，打磨光滑，富有立体感。

　　如图3-2所示，天花板以木条相交成方格形，上覆木板，也可做成简单的环形的灯池吊顶，用实木做框，层次清晰，漆成花梨木色。

图3-2　天花板

　　家具陈设讲究对称，重视文化意蕴，配饰喜用字画、古玩、卷轴、盆景等加以点缀，空间气氛宁静雅致而简朴，体现中国传统家居文化的独特魅力。如图3-3所示为中国传统家居。

图3-3　中国传统家居

3.1.2　欧式古典风格

作为欧洲文艺复兴时期的产物，古典主义设计风格继承了巴洛克风格中豪华、动感、多变的视觉效果，也吸取了洛可可风格中唯美、律动的细节处理元素。

欧式古典风格在空间上追求连续性，追求形体的变化和层次感，室内外色彩鲜艳，光影变化丰富。室内多采用带有图案的壁纸、地毯、床罩、纱帐以及古典式装饰画或其他陈设，且多设有壁炉。如图3-4所示，壁炉是西方文化的典型载体，壁炉门是曲线形的，门柱种类多样，上部镜框轮廓也是不规则的，其中必有贝壳与涡卷的形象。为体现华丽的风格，家具、门、窗多为白色。家具、画框的线条部位常饰以金线、金边。门的造型既要突出凹凸感，又要有优美的弧线，两种造型相映成趣。欧式古典风格追求华丽、高雅，典雅中透着高贵，深沉里显露豪华，具有很强的文化和历史内涵。

图3-4　欧式古典风格壁炉

3.1.3　日式风格

日式风格讲究空间的流动与分隔，流动为一室，分隔则分几个功能空间，在日式风格空间中总能让人静静地思考，禅意无穷。

日式风格常采用木质结构，不尚装饰，崇尚简洁。其空间意识极强，形成"小、精、巧"的模式，利用檐、龛空间，创造特定的幽柔润泽的光影。明晰的线条，纯净的壁画，卷轴字画，极富文化内涵，室内宫灯悬挂，伞作造景，格调简朴高雅。日式风格的另一特点是屋、院通透，人与自然统一，注重利用回廊、挑檐，使得回廊空间敞亮、自由。日式风格追求的是一种休闲、随意的生活意境。空间造型极为简洁，在设计上采用清晰的线条，而且在空间划分中摒弃曲线，具有较强的几何感。日式风格最大的特征是多功能性，如白天放置书桌就成为客厅，放上茶具就成为茶室，晚上铺上寝具就成为卧室。

低姿、简洁、工整、自然是日式风格独特的装饰要素，传统的日式家居将自然界的材质大量运用于居室的装修、装饰中，不推崇豪华奢侈、金碧辉煌，以淡雅节制、深邃禅意为境界，重视实际功能。

低姿：在客厅一角隔出一间和室，需要作为卧室的时候，只需将隔扇门拉上，即可成为一个独立的空间。和室的门窗大多简洁透光，家具低矮且不多，给人以宽敞明亮的感觉，因此，和室的设计也是扩大居室视野的常用表现形式，如图3-5所示。

图3-5　和室

简洁：日式家居中强调沉静的自然色彩和简洁的造型线条(见图3-6)。另外，受佛教影响，居室布置也讲究一种"禅意"，强调空间中人与自然的和谐，人置身其中，能体会到一种"淡淡的喜悦"。

工整：日本人对家居用品的陈设极为讲究，一切都清清爽爽摆在那里。这似乎带有那么一种刻意的味道，但你不得不承认，这种刻意的创造把它们文化中美的一面发挥到了极致，如图3-7所示。

图3-6　简洁的日式空间

图3-7　工整的室内陈设

　　自然：在日式风格中，庭院有着极高的地位，室内与室外互相映衬(见图3-8)。这就不难理解，为什么即使是茶杯的摆放或一个浴室角落也要与插花搭配了，其在色彩、造型方面的呼应功不可没。

图3-8　日式庭院

3.2 现代风格

现代风格起源于1919年成立的包豪斯学派，该学派强调突破旧传统，创造新建筑，重视功能和空间组织，注意发挥结构构成本身的形式美，提倡造型简洁，反对多余装饰，崇尚合理的构成工艺，尊重材料的性能，讲究材料自身的质地和色彩的配置效果，发展了非传统的以功能布局为依据的不对称的构图手法。现时，广义的现代风格也可泛指造型简洁新颖，具有当今时代感的建筑形象和室内环境表现形式。

PPT讲解

现代风格追求空间的实用性和灵活性，居室空间是根据相互间的功能关系组合而成，而且功能空间互相渗透，空间的利用率达到最高。空间组织不再以房间组合为主，空间的划分也不再局限于硬质墙体，而是更加注重会客、餐饮、学习、睡眠功能空间的逻辑关系。通过家具、吊顶、地面材料、陈设甚至光线的变化来表达不同功能空间的划分，而且这种划分又随着不同的时间段表现出灵活性、兼容性和流动性。

现代风格的色彩经常以棕色系列或灰色系列等中间色为基调色。其中白色最能表现现代风格简洁的特征，另外黑色、银色、灰色亦能展现现代风格的明快与冷调。现代风格的另一项用色特征，就是使用非常强烈的对比色彩效果，创造出特立独行的个人风格。

知识拓展

纽约现代简约风格公寓设计

　　这座复式公寓位于纽约，由2014年普利兹克奖得主坂茂设计完成。如图3-9至图3-17所示，大堂的中性色调和圆弧线条设计反映了整个建筑的静谧感，双层阁楼的设计打造出空间与光线的相互作用，挑高的天花板、拱形窗户以及环环相扣的楼体增强了开放和流动的感觉，白墙与地板形成鲜明的对比，同时又夹杂着些许温馨自然。卧室的设计简约中透露着一丝禅意，浴室在坚固性和透明度间平衡，定制的柜体搭配精致摆件创造了豪华舒适的沐浴体验。为了确保住户的隐私性，公寓两侧拥有大型的伸缩玻璃墙，可随时开启或关闭，无缝模糊内外空间的界限。

图3-9　大堂

图3-10　双层阁楼

图3-11　拱形窗户

图3-12　温馨的色调

图3-13　清新自然的工作空间

图3-14　卧室

图3-15　浴室

图3-16　模糊内外的分隔

图3-17　玻璃移门

3.3 后现代风格

PPT讲解

　　20世纪50年代美国在所谓现代主义衰落的情况下，逐渐形成后现代主义的文化思潮。受20世纪60年代兴起的大众艺术的影响，后现代风格是对现代风格中纯理性主义倾向的批判，后现代风格强调建筑及室内装饰应具有历史的延续性，但又不拘泥于传统的逻辑思维方式，探索创新造型手法，讲究人情味，常在室内设置夸张、变形的柱式和断裂的拱券，或把古典构件的抽象形式以新的手法组合在一起，即采用非传统的混合、叠加、错位、裂变等手法和象征、隐喻等手段，以期创造一种融感性与理性、集传统与现代、揉大众与行家于一体的建筑形象与室内环境。

　　后现代风格追求时尚与潮流，非常注重居室空间的布局与使用功能的完美结合。由曲线和非对称线条构成墙面、栏杆、窗棂和家具等装饰，如花梗、花蕾、葡萄藤、昆虫翅膀以及自然界各种优美、波状的形体图案等。线条有的柔美雅致，有的遒劲而富于节奏感，整个立体形式都与有条不紊的、有节奏的曲线融为一体。空间大量使用铁制构件，将玻璃、瓷砖等新工艺，以及铁艺制品、陶艺制品、硅藻泥环保产品等综合运用于室内。后现代风格空间注重室内外沟通，竭力给室内装饰艺术引入新意，如图3-18所示。

图3-18　后现代风格空间

3.4 自然风格

自然风格倡导"回归自然"，将现代人对阳光、空气和水等自然环境的回归意识融入室内环境空间、界面处理、家具陈设以及各种装饰要素之中。因此室内多用木料、织物、石材等天然材料，显示材料的纹理，清新淡雅。此外，由于其宗旨和手法的类同，也可把田园风格归入自然风格一类。田园风格在室内环境中力求表现悠闲、舒畅、自然的田园生活情趣，也常运用天然木、石、藤、竹等材质质朴的纹理。

PPT讲解

图3-19　中式田园风格空间

3.4.1 中式田园风格

中式田园风格(见图3-19)的基调是丰收的金黄色，尽可能选用木、石、藤、竹、织物等天然材料装饰。软装饰上常有藤制品，有绿色盆栽、瓷器、陶器等摆设。中式风格的特点，是在室内布置、线形、色调以及家具、陈设的造型等方面，吸取传统装饰"形""神"的特征，以传统文化内涵为设计元素，革除传统家具的弊端，去掉多余的雕刻，糅合现代西式家居的舒适，根据不同户型的居室，采取不同的布置。

3.4.2　英式田园风格

英式田园风格(见图3-20)家具采用华美的布艺和纯手工的制作，布面花色秀丽，多以纷繁的花卉图案为主。碎花、条纹、苏格兰图案是英式田园风格家具永恒的主调。家具材质多使用松木、楸木、香樟木等，制作以及雕刻全是纯手工的，十分讲究。

图3-20　英式田园风格空间

3.4.3　美式乡村风格

美式古典乡村风格带着浓浓的乡村气息，以享受为最高原则，在布料、沙发的皮质上，强调它的舒适度，感觉起来宽松柔软(见图3-21)。家具体积庞大，质地厚重，彻底将以前欧洲皇室贵族的极品家具平民化，气派而且实用。美式家具的材质以白橡木、桃花心木或樱桃木为主，线条简单。所说的乡村风格，绝大多数指的都是美式西部的乡村风格，主要使用可就地取材的松木、枫木，不用雕饰，仍保有木材原始的纹理和质感，还刻意添上仿古的瘢痕和虫蛀的痕迹，创造出一种古朴的质感，展现原始粗犷的美式风格。有着抽象植物图案的清淡优雅的布艺点缀在美式风格的家具当中，营造出闲散与自在的氛围，给人一个真正温暖的家。

美式乡村风格非常重视生活的自然舒适性，充分显现出乡村的朴实风味。乡村风格的色彩多以自然色调为主，绿色、土褐色较为常见，特别是墙面色彩的选择上，自然、怀旧、散发着质朴气息的色彩成为首选。

壁纸多选用纯纸浆质地，布艺也是美式乡村风格中重要的运用元素，本色的棉麻是主流，布艺的天然感与乡村风格能很好地协调；各种花卉植物、异域风情饰品、摇椅、小碎花布、铁艺制品等都是乡村风格中常用的物品。

图3-21　美式乡村风格空间

3.4.4　法式田园风格

法式田园风格使用温馨简单的颜色及朴素的家具，以尊重自然、以人为本的传统思想为设计中心，使用令人倍感亲切的设计元素，创造出如沐春风般的感官效果，如图3-22所示。随意、自然、不造作的装修及摆设方式，营造出欧洲古典乡村居家生活的特质，设计重点在于拥有天然的装饰及美观大方的搭配。

法式田园风格的居室随处可见花卉绿植和各种花色的优雅布艺。野花是法式田园风格最好的配饰，因为它最直接地传达了一种自然气息，有一种直接触摸大地的感觉。客厅垂落在窗台上的优雅的花布窗帘，粉绿色、淡紫色的墙面，相同色系的小碎花家纺等都使人心情丰盈而快乐。田园风格对配饰要求很随意，注重怀旧的心情，有故事的旧物等都是最佳饰品。

图3-22　法式田园风格空间

3.4.5　南亚田园风格

南亚田园风格是有其代表性元素的，自然的阔叶植物、鲜艳的花卉、寓意美好的莲花是人们的最爱，体现物我相融的境界。在一间充满热带风情的居室中，用大花墙纸可以使居室显得紧凑华丽，这种花型的表现并不是大面积的，而是以区域型呈现的，比如在墙壁的中间部位以横条或者竖条的形式呈现，同时图案与色彩是非常协调的，往往是一个色系的图案。

家具的设计风格显得粗犷，材质多为柚木，光亮感强，也有椰壳、藤等材质的家具。大部分家具采用两种以上的不同材料混合编织而成，如藤条与木片、藤条与竹条，材料之间的宽窄深浅形成有趣的对比，各种编织手法的混合运用令家具作品变成了一件手工艺术品，每一个细节都值得细细品味。色彩以宗教色彩中浓郁的深色系为主，如深棕色、黑色、金色等，令人感觉沉稳大气，如图3-23所示。

图3-23　南亚田园风格空间

3.4.6　韩式田园风格

韩式田园风格的设计特点是带有当地的风土人情元素。室内多采用乡村风情的原木、藤制、石材等天然材料，色调以土黄色系和纯白色系居多，从而表达对自然的渴望和依恋。它通常都以简单大方的空间搭配田园风格的家具并以绿色植物加以点缀，如图3-24所示。

韩式田园风格注重家庭成员间的相互交流，注重私密空间与开放空间的相互区分，重视家具和日常用品的实用和坚固。韩式田园风格的家具通常具备简化的线条、粗犷的体积，其选材也十分广泛：实木、印花布、手工纺织的尼料、麻织物以及自然裁切的石材。田园风格长久以来在韩式家具中占据着重要的地位。应该说，它摒弃了烦琐与奢华，兼具古典主义的优美造型与新古典主义的功能配备，既简洁明快，又便于打理，更适合现代人的日常使用。

图3-24　韩式田园风格空间

3.5 地中海风格

地中海风格的基础是明亮、大胆、色彩丰富、简单、民族性、有明显特色。重现地中海风格不需要太大的技巧，而是保持简单的意念，捕捉光线，取材大自然，大胆而自由地运用色彩、样式。

PPT讲解

对于地中海风格来说，白色和蓝色是两个主打色，最好还要有造型别致的拱廊和细细小小的石砾。在打造地中海风格的家居时，配色是一个主要方面，要给人一种阳光而自然的感觉。主要的颜色是白色、蓝色、黄色、绿色以及土黄色和红褐色，这些都是来自于大自然最纯朴的色彩元素。

地中海风格在造型方面，一般选择流畅的线条，圆弧形就是很好的选择，它可以放在我们家居空间的每一个角落，一个圆弧形的拱门，一个流线型的门窗，都是地中海家装中的重要元素。并且地中海风格要求自然清新的效果，墙壁不需要精心的粉刷，让它自然地呈现一些凹凸和粗糙之感。电视背景墙无须精心装饰，一片马赛克墙砖的镶嵌就是很好的背景。

在地中海风格的居室中，也可以将水引入其中，可以建造一个漂亮的回流系统，水潺潺流过，让整个居室显得生意盎然。铁艺也是地中海元素中不可或缺的一部分，漂亮的铁艺陈设，能够使居室环境呈现另一种美。

在为地中海风格的家居挑选家具时，最好选一些比较低矮的家具，这样可让视线更加开阔，同时，家具的线条以柔和为主，可以用一些圆形或是椭圆形的木制家具，与整个环境浑然一体。而选择一些粗棉布的窗帘、沙发套等布艺品，可以让整个家更加古味十足，同时，在布艺的图案上，最好选择一些素雅的图案，这样会更加突显出蓝白两色所营造出的和谐氛围，如图3-25所示。

绿色的盆栽也是地中海风格的重要元素，一些小巧可爱的盆栽让家里绿意盎然，就像在户外一般，同时绿色的植物也能净化空气，身处其中会备感舒适。在一些角落里，我们也可以安放一两盆吊篮，或者是爬藤类的植物，制造出大片的绿意。

在地中海的家居中装饰是必不可少的一个元素，一些装饰品最好是以自然的元素为主，比如一个实用的藤桌、藤椅，或者是放在阳台上的吊篮，还可以加入一些红瓦和窑制品，带着一种古朴的味道，不用被各种流行元素所左右。这些小小的物件经过了时光的流逝，历久弥新，还可带着岁月的记忆，配合硅藻泥墙面的淳朴自然，更有一种独特的风味。

图3-25　地中海风格空间

3.6　混合型风格

混合型风格糅合了东西方美学精华元素，将古今文化内涵完美地结合于一体，充分利用空间形式与材料，创造出个性化的家居环境，所以也叫混搭风格。混搭并不是简单地把各种风格的元素放在一起做加法，而是把它们有主有次地组合在一起。混搭得是否成功，关键看是否和谐，最简单的方法是确定家具的主风格，用配饰、家纺等来搭配。中西元素的混搭是主流，其次还有现代与传统的混搭。在同一个空间里，不管是"传统与现代"，还是"中西合璧"，都要以一种风格为主，靠局部的设计增添空间的层次，如图3-26所示。

PPT讲解

金属是工业化社会的产物，也是体现混合型风格有力的手段。不同造型的金属灯和玻璃灯，都是现代混搭风格的代表产品。此外，大量使用钢化玻璃、不锈钢等新型材料作为辅材，也是现代风格家居的常见装饰手法，能给人带来前卫、不受拘束的感觉。

图3-26　混合型风格空间

通过室内设计各类风格的学习，相信大家对国内、国外各阶段较为流行的装饰风格及现阶段较为流行的装饰风格有了基本的了解，并从各类室内装饰风格的特点入手，对各类室内装饰风格设计的发展趋势有一个总体的把握。

(1) 室内设计风格大致分为哪几类？
(2) 英式田园风格和韩式田园风格的区别是什么？

实训课题：赏析优秀室内设计作品
内容：针对优秀室内装饰设计案例，深刻理解室内设计的一类或几类风格。
要求：就优秀室内装饰设计经典案例展开分析，加深对各类设计风格的理解。写出赏析总结，总结需要观点鲜明，符合室内设计各类风格的特征，不少于2000字。

第4章

室内绿化设计

📝 **学习要点及目标**

- 了解室内绿化的作用。
- 掌握室内绿化设计的基本原则及布置方式。
- 了解室内植物的分类及选择方法。

📖 **本章导读**

室内绿化设计是室内环境设计的一部分，与其密不可分、紧密相连。它主要是利用绿色植物要素并结合园林常见的手段和方法，组织、完善、美化室内空间，协调人与环境的关系，使人既不存在被包围在建筑空间内的压抑感，也不存在开放、流动的室外环境所产生的不安定感。室内绿化主要是解决人、建筑、环境之间的关系。

4.1 室内绿化的作用

在室内环境设计中，绿化设计的重要性日益突出。绿化设计是整体装修风格的重要组成部分，更是人体生理学和环境心理学的重要组成部分。绿色植物不仅仅是装饰，更是提高环境质量、满足人们心理需求不可缺少的因素，起到改善室内环境质量、组织引导空间和美化环境等重要的作用。通过将大自然的植物、花卉、水体和山石等景物经过艺术加工和浓缩引入室内，进行室内绿化，人们在室内就可观其色、闻其香、赏其态。生机盎然的绿化环境可以驱除疲劳、调节人们的心境与情绪，同时起到美化环境和净化空气的作用。

PPT讲解

4.1.1 净化空气

植物经过光合作用可以吸收室内大量的二氧化碳并释放出氧气，而人在呼吸过程中，吸入氧气、呼出二氧化碳，从而使大气中氧和二氧化碳的含量达到平衡。

绿色植物可以吸附大气中的尘埃使环境得以净化，其中，梧桐、大叶黄杨、夹竹桃、棕榈等某些植物可以吸收室内的有害气体，而松、柏、臭椿、悬铃木、樟桉等植物的分泌物还具有杀灭细菌的作用，从而能净化空气，减少空气中的含菌量。

4.1.2 组织引导空间

利用精心设计的绿化，可以起到组织室内空间、强化空间使用的作用。

1. 联系、引导室内空间

通过绿化在室内的装饰设计，可以自然过渡并明确区分室内外空间。比如，很多酒店常利用绿化的延伸联系室内外空间，起到过渡和渗透作用，通过连续的绿化布置，强化室内外空间的联系和统一。通过室内绿化可限定和分隔空间，还能使各部分既能保持各自的功能作用，又不失整体空间的开敞性和完整性。

绿化在室内的连续布置，从一个空间延伸到另一个空间，特别是在空间的转折、过渡、改变方向之处，更能发挥整体效果。其方式常有：在进门处布置盆栽或小花池；在门廊的顶棚上或墙上悬吊植物；在进厅等处布置花卉树木等。这几种手法都能使人从室外进入建筑内部时，有一种自然的过渡和连续感。如图4-1所示，中山国贸酒店大堂借助绿化使室内外景色互渗互借，可以增加空间的开阔感和层次感，使室内有限的空间得以延伸和扩大，通过连续的绿化布置，也强化了室内外空间的联系和统一。

图4-1 中山国贸酒店大堂

2. 分隔空间

现代建筑的室内空间设计要求更好地利用空间，特别是一些酒店、餐厅、办公室、展览馆、博物馆和景观房，墙的空间隔断作用已逐渐不多用了，更多地使用陈设和绿化。

利用室内绿化随时调整空间的布局和效果，不同的绿化组合，可以组成不同的空间区域，能使各部分既能保持各自的功能作用，又不失整体空间的开敞性和完整性。以绿化分隔空间的范围是十分广泛的，如办公室、餐厅、宾馆大堂、博物馆展厅等，此外在某些空间或场地的交界线，如室内外之间、接待区与休息区之间、室内地坪高差交界处等，都可用绿化进行分隔。如图4-2所示，成都世纪城洲际酒店大堂有空间分隔作用的围栏，如柱廊之间的围栏、临水建筑的防护栏等，也均可以结合绿化加以分隔。

图4-2　成都世纪城洲际酒店大堂

4.1.3　突出重点空间

在大门入口处、楼梯进出口处、交通中心或转折处、走道尽端等，既是交通的要害，也是空间中的起始点、转折点、中心点、终结点等重要视觉中心位置，是常常引起人们注意的位置，因此，常放置特别醒目的、更富有装饰效果的装饰家具，甚至名贵的植物或花卉，以起到强化空间、烘托重点的作用。如图4-3和图4-4所示，宾馆、酒店的大堂四周拐角处常常摆放一盆精致修剪过的鲜花，作为室内装饰，点缀环境。这里应说明的是，位于交通路线上的一切陈设，包括绿化在内，必须以不妨碍交通和紧急疏散时不致成为绊脚石为前提，并按空间大小、形状选择相应的植物。如放在狭窄的过道边的植物，不宜选择低矮、枝叶向外扩展的植物，否则，既妨碍交通又会损伤植物，因此应选择与空间更为协调的修长的植物。

图4-3　酒店大堂

图4-4　大堂绿化

4.1.4　美化室内环境

绿色植物充满了蓬勃向上的力量和生机，引人奋发向上。植物生长的过程，是争取生存及与大自然搏斗的过程，其形态是自然形成的，没有任何掩饰和伪装。

在室内配置一定量的植物，使室内形成绿化空间，让居住者仿佛置身于自然环境中，享受自然风光，不论工作、学习、休息，都能心旷神怡、悠然自得，如图4-5所示。同时，不同的植物种类有不同的枝叶花果和姿色，如一丛丛鲜红的桃花，一簇簇硕果累累的金橘，给室内带来生机勃勃的氛围，增添欢乐；苍松翠柏，给人以坚强、庄重、典雅之感；洁白纯净的兰花，使室内清香四溢，风雅宜人。

图4-5　室内绿化配置

此外，东西方对不同植物花卉均赋予一定的象征和含义，如我国喻荷花为"出淤泥而不染，濯清涟而不妖"，象征高尚情操；喻竹为"未曾出土先有节，纵凌云霄也虚心"，象征高风亮节；喻牡丹为高贵，石榴为多子，萱草为忘忧等。在西方，紫罗兰象征忠实永恒；百合花象征纯洁；郁金香象征名誉；勿忘草象征勿忘我等。

4.2 室内绿化设计的基本原则

PPT讲解

大自然一直伴随着人类的文明与发展，随着工业化、科技化、城市化进程的加快，人们对自然的渴望与向往更为强烈，改善居住环境、进行室内绿化设计也就被越来越多的人所重视。室内绿化设计要遵循以下基本原则。

4.2.1 实用原则

室内绿化设计，是室内整体环境的一个重要组成部分，应当符合房屋使用功能的要求，要具有实用性，这是室内绿化装饰的重要原则。所以，室内绿化设计要根据绿化场所的性质和功能要求，从实际出发，做到美学效果与实用效果的协调统一，无论是从植物的形态、颜色、风格还是植物的体量大小等方面都应与室内环境保持整体协调性。

书房是读书和写作的场所，应以摆设清秀典雅的绿色植物为主，如文竹、兰花等，以创造一个安宁、优雅、静穆的环境，使人在学习间隙举目张望，让绿色调节视力，缓解疲劳，起到镇静悦目的功效，如图4-6所示。

图4-6　书房绿化

而客厅是家人团聚、会客、娱乐的空间，需要营造热烈温暖的氛围，而且空间一般较大，应选用具有一定体量的、生长旺盛的植物。

4.2.2 美学原则

爱美之心人皆有之，一个美且舒适的室内环境，可以让居住者心旷神怡、放松身心，所以美学原则是室内绿化设计的另一重要原则。为表现室内绿化装饰的艺术美，必须通过一定的形式，使其体现构图合理、色彩协调、形式和谐。

1. 构图合理

构图是将不同形状、色泽的物体按照美学的观念组成一个和谐的景观。绿化设计的构图是室内装饰工作的关键问题，在装饰布置时必须注意两个方面：一是布置均衡，以保持稳定感和安定感；二是比例合度，体现真实感和舒适感。

布置均衡包括对称均衡和不对称均衡两种形式。人们在进行居室绿化装饰时习惯于对称的均衡，在走道两边、家具两侧等摆上同样品种和同一规格的花卉，显得规则整齐、庄重严肃，如图4-7所示。与对称均衡相反的是，室内绿化自然式装饰的不对称均衡。如在客厅沙发的一侧摆上一盆较大的植物，另一侧摆上一盆较矮的植物，同时在其近邻花架上摆上一悬垂花卉。这种布置虽然不对称，但却给人以协调感，视觉上认为二者重量相当，仍可视为均衡。

图4-7 布置均衡的绿化

比例合度，指的是植物的形态、规格等要与所摆设的场所大小、位置相配套。犹如美术家创作一幅静物立体画，如果比例恰当，就有真实感，否则就会弄巧成拙。如图4-8所示，空间大的位置可选用大型植株及大叶品种，以利于植物与空间的协调；小型居室或茶几案头只能摆设矮小植株或小盆花木，这样会显得优雅得体。

2. 色彩协调

色彩一般包括色相、明度和饱和度三个基本要素。色相就是色别，即不同色彩的种类和名称；明度是指色彩的明暗程度；饱和度即标准色。色彩对人的视觉是一个十分醒目且敏感的因素，在室内绿化装饰艺术中起到举足轻重的作用。

室内绿化设计的形式要根据室内的色彩状况而定。如以叶色深沉的室内观叶植物或颜色艳丽的花卉作布置时，背景底色宜用淡色调或亮色调，以突出布置的立体感；居室光线不足、底色较深时，宜选用色彩鲜艳或淡绿色、黄白色的浅色花卉，以便取得理想的衬托效果。陈设的花卉也应与家具色彩相互衬托。如清新淡雅的花卉摆在底色较深的柜台、案头上可以提高花卉色彩的明亮度，使人精神振奋，如图4-9所示。同时，在室内绿化设计中，植物色彩的选择搭配还要随季节变化以及布置用途的不同而作必要的调整。

图4-8　比例合度的绿化

图4-9　清新淡雅的花卉

3. 形式和谐

在进行室内绿化设计时，要依据各类植物的各自姿色形态，选择合适的摆设形式和位置(见图4-10)，同时需要注意与其他配套的花盆、器具和饰物搭配谐调，力求和谐美观。例如，悬垂花卉宜置于高台花架、柜橱或吊挂高处，让其自然悬垂；色彩斑斓的植物宜置于低矮的台架上，以便于欣赏其艳丽的色彩；直立、规则植物宜摆在视线集中的位置；空间较大的位置可以摆设丰满、匀称的植物，必要时还可采用群体布置，将高大植物与其他矮生品种摆设在一起，以突出布置效果等。

图4-10　和谐的绿化设计

4.2.3　适量原则

室内绿化设计尽管有诸多好处，但室内空间面积毕竟是有限的，在进行绿化设计时还要注意一个适量的问题，不是数量和种类越多越好。绿化只是室内环境的点缀物，是调节室内空间氛围的一门艺术，不是室内环境的主体，颠倒主次的过度绿化陈设不仅占用空间，给人一种堆砌之感，而且会使室内其他功能不能充分发挥。

4.2.4　经济原则

室内绿化设计除要注意实用原则、美学原则和适量原则外，还要求绿化设计的方式经济可行，而且能保持长久。设计时要根据室内结构、建筑装修和室内配套器物的水平，选配合乎经济水平的档次和格调。要根据室内环境特点及用途选择相应的室内观叶植物及装饰器物，使装饰效果能保持较长时间。同时要充分考虑植物自身的自然生态习俗，并非所有的植物都适合于室内绿化。

4.3 室内绿化的布置方式

室内绿化是美化居室、提升装修品位的重要手段，可根据室内空间的功能和设计要求，采取不同的布置方式。

PPT讲解

1. 重点装饰与边角点缀

大型内部空间的重点部位，用较大的乔木，或集中的组团绿化，追求自然景观的效果，形成丰满的绿化视觉中心；也可与室内水体进行组合，营造室内小型的园林景观。在室内空间许多边角地带，如入口两侧、立柱周围、墙角或拐角处、家具陈设旁边等进行点缀绿化，可以使生硬呆板的空间角落富有生机和情趣，丰富空间构图。把室内绿化作为主要陈设并成为视觉中心，以其形、色的特有魅力来吸引人的视线，是许多厅室常采用的一种布置方式。绿化植物可以布置在厅室的中央，也可以布置在室内主立面上，如图4-11所示。

图4-11　室内主立面绿化

边角点缀是一种见缝插针的布置方式，这种布置方式灵活、随心所欲，充分利用室内剩余空间，观赏效果好，如图4-12所示。

2. 结合陈设等布置绿化

室内绿化除了单独落地布置外，还可以与茶几、会议桌、文件柜等室内物品结合布置，互相陪衬，相得益彰。结合文件柜布置绿化、结合会议桌布置绿化(见图4-13)、结合茶几布置绿化等，都是比较常见的绿化布置方式。

3. 前低后高

绿化布置可以利用高矮不同的植物，采取前低后高的排列方式，组成绿色屏障的背景，可改变空间的层次感；还可以在墙角落处采取密集式的绿化布置，在室内产生丛林的气氛。层次感的绿化布置如图4-14所示。

图4-12　边角点缀的绿化

图4-13　会议室绿化

图4-14　层次感的绿化布置

4. 垂直绿化

以绿化的悬垂或攀缘为主要特征，可形成绿化的竖向延伸，造成富有生长动感的绿化效果。垂直绿化(见图4-15)可以借助建筑或装修构件，如墙面、格架、扶栏等，也可以单独设立绿篱或吊架。垂直绿化通常采用天棚悬吊藤萝植物的方式，这种垂直绿化，不仅不占地面，还增加绿化的体量和氛围，是一种观赏性极好的绿化布置方式。

图4-15　垂直绿化

5. 沿窗布置绿化

沿窗布置绿化(见图4-16)，一方面能使植物接受更多的光照，另一方面也可与室外景色融为一体，使室内绿意更浓，环境更美。

图4-16　沿窗布置绿化

4.4 室内植物的分类

室内栽植的绿化植物，通常有盆栽植物、盆景植物和插花植物这几种。盆栽植物是指栽在花盆或其他容器中的，以自然生长状态的叶、枝及花果供人们观赏的植物。盆景植物是指用于盆景中的植物，盆景是把植物、山石等材料经过艺术加工布置在盆中的自然风景的缩影。插花植物指可供观赏的枝、叶、花、果等切取材料，把它插入容器中，经过艺术加工，组成精致美丽、富有诗情画意的花卉装饰品。这三种栽植形式按观赏内容又可分为观叶、观花和观果三大类。

PPT讲解

4.4.1 观叶植物

室内观叶的植物形态奇特，绚丽多姿，且大多数原产热带、亚热带地区，具有一定耐阴性，需光亮较少，适宜在室内散射光条件下生长。因此，观叶植物(见图4-17)成为室内绿化的主导植物，是目前世界上最流行的观赏门类之一，颇受人们喜爱。常选择的观叶植物有：万年青、棕竹、南天竹、一叶兰、发财树、袖珍椰子、文竹、常春藤等。

图4-17 观叶植物

观叶植物入室后，应分门别类放置，将喜阳的植物放在阳光充足的窗边；若属耐阴性强的植物，则宜放置于无光照的地方，或有少许散射光的地方。对那些吊盆、挂盆类观叶植物也应经常调换位置，以让其均匀接受光照。一些具有彩色斑纹的植物，如金心龙血树、彩叶竽等等，在散射光下培植有利于色彩的充分表现，过于荫蔽则会使彩色消失或不鲜艳，而光照过强则叶片发黄，失去彩纹。

4.4.2 观花植物

观花类植物(见图4-18)品种繁多，绚丽多彩，清香四溢，备受人们青睐。与观叶植物相比，观花植物要求较为充足的光照且昼夜温差应较大，这样才能使植物贮备养分促进花芽发育，因此室内观花植物的布置受到更多的限制。以观花为主的植物，花色艳丽，花形奇异，并具香气。春天开花的有水仙、迎春、春兰、杜鹃花、牡丹、月季、君子兰等；夏、秋季开花的有米兰、白兰花、扶桑、夹竹桃、昙花、珠兰、大丽花、荷花、菊花、一串红、桂花等；冬季开花的有一品红、蜡梅、银柳等。

木本的观花植物大多喜光，长期置于居室内，对植物生长不利。草本的观花植物大多是一年生或两年生植物，需要更换，属时令消耗品。由于大多数观花植物只在开花期间观赏性好，花后要移至室外培育或丢弃，所以相对于观叶植物来说，用途和用量受到一定限制。

观花植物的选择首先应考虑开花季节和花期长短，其次室内观花植物花期有限，应首选花叶并茂的植物，在无花时可以让具有较高观赏价值的叶给予补偿。常用的观花植物有：叶子花、杜鹃、君子兰、仙客来、马蹄莲、月季、梅花、紫薇等。

图4-18　观花植物

4.4.3　观果植物

观果植物(见图4-19)即以果实供观赏的植物。其中，有的色彩鲜艳，有的形状奇特，有的香气浓郁，有的着果丰硕，有的则兼具多种观赏性能。

观果植物与观花植物一样，需要充足的光照和水分，否则会影响果实的大小和色彩。作为观赏的果实应具有美观奇特的外形或鲜艳的色彩，通常果实在成熟过程中要有从绿色到成熟色的颜色变化，如金橘、虎头柑等。

图4-19 观果植物

4.5 室内植物的配置

图4-20 玄关

PPT讲解

室内的植物选择是双向的：一方面对室内来说，应选择什么样的植物，如何创造具有绿色空间特色的室内环境；另一方面对植物来说，什么样的室内环境才能适合生长，如何更好地为室内植物创造良好的生长环境，如加强室内外空间联系、尽可能创造开敞和半开敞空间、提供更多的日照条件等，并在此基础上，根据室内空间功能及审美的需要，对室内植物分别进行配置。

4.5.1 适合玄关的植物

由于玄关(见图4-20)是家庭访客进入室内后产生第一印象的区域，因此摆放的室内植物有重要的作用。摆在玄关的植物，宜以赏叶的常绿植物为主，如铁树、发财树、黄金葛及赏叶榕等。

4.5.2 适合客厅的植物

客厅(见图4-21)是日常生活中起居的主要场所，是家庭活动的中心，也是接待宾客的主要场所，具有多种功能，是整个居室绿化装饰的重点。植物配置要突出重点，切忌杂乱，以美观大方为主，同时注意和家具风格及墙壁色彩协调。客厅植物主要用来装饰家具，以高低错落的植物状态来协调家居单调的直线状态，植物的选择须注意大小搭配。此外应靠墙放置，不妨碍居者的走动。从客厅的植物摆放也可以体现出主人的性格特征：蕨类植物的羽状叶给人以亲切感；鹅绒质地的叶片则给人以温柔感；铁海棠刚硬多刺的茎干给人以敬畏感；竹造型体现坚韧不拔的性格。

图4-21　客厅

4.5.3　适合卧室的植物

卧室追求雅洁、宁静舒适的气氛，内部放置植物，有助于提升休息与睡眠的质量。适于卧室摆放的花卉有茉莉花、风信子、夜来香、君子兰、黄金葛、文竹等植物。卧室的植物植株的培养基可用水苔取代土壤，以保持室内清洁。如图4-22所示，在宽敞的卧室里，可选用站立式的大型盆栽；小一点的卧室，则可选择吊挂式的盆栽，或将植物套上精美的套盆后摆放在窗台或化妆台上。

图4-22　卧室

4.5.4　适合餐厅的植物

　　餐厅(见图4-23)是家人或客人聚会用餐的地方，而且位置靠近厨房，接近水源。餐厅植物最好用无菌的培养土来种植。餐厅植物摆放时还要注意：植物的生长状况应良好，形态必须低矮，才不会妨碍相对而坐的人进行交流、谈话。适宜摆设的植物有：番红花、仙客来、四季秋海棠、常春藤等。在餐厅里，要避免摆放气味过于浓烈的植物，如风信子。

图4-23　餐厅

4.5.5　适合厨房的植物

　　植物出现于厨房的比率仅次于客厅，厨房通常位于窗户较少的朝北房间，用些盆栽装饰可消除寒冷感。由于阳光少，应选择喜阴的植物，如广东万年青和星点木之类。如图4-24所示，厨房是操作频繁、物品零碎的工作间，烟和温度都较大，因此不宜放大型盆栽，而吊挂盆栽则较为合适，其中以吊兰为佳。

图4-24　厨房

4.5.6 适合卫生间的植物

由于卫生间湿气大、冷暖温差大，养植有耐湿性的观赏绿色植物，可以吸纳污气，因此适合使用蕨类植物、垂榕、黄金葛等，如图4-25所示。当然如果卫生间既宽敞又明亮且有空调的话，则可以培植观叶凤梨、竹芋、蕙兰等较艳丽的植物，把卫生间装点得如同迷你花园，让人乐在其中。

4.5.7 适合阳台的植物

由于阳台较为空旷，日光照射充足，因此适合种植各种各样色彩鲜艳的花卉和常绿植物，要选择生长健壮、抗旱强、根系少的植物，还可以采用悬挂吊盆、栏杆上摆放开花植物、靠墙放观赏盆栽的组合形式来装点阳台，如图4-26所示。适合阳台摆放的植物大致有：万年青、金钱树、铁树、棕竹、橡胶树、发财树、摇钱树。

图4-25　卫生间

图4-26　阳台

本章小结

　　室内绿化设计是现代室内设计可持续发展的方向，随着人们生活水平的逐步提高，以及生态环境意识的进一步觉醒，绿化设计将成为现代室内设计不可或缺的重要组成部分，受到更多使用者的关注。

思考题

　　(1) 室内绿化设计的基本原则有哪些?
　　(2) 简述室内绿化的布置方式。

课堂实训

　　实训课题：了解适宜和不适宜室内摆放种植的花卉
　　内容：通过各种渠道，了解不适宜在室内摆放种植的植物情况，比如会释放异味的植物有哪些、会消耗氧气的植物有哪些、易使人过敏的植物有哪些、会释放毒气损害人身体健康的植物有哪些等等；了解哪些植物适宜在室内摆放种植并知晓具体适宜原因。
　　要求：认真进行了解学习，通过学习掌握各类植物的特性，以便于未来室内绿化设计工作的开展。写出学习总结，并与同学相互交流。

第5章

人体工程学

- 了解人体工程学与室内设计的关系。
- 掌握百分位的概念。
- 了解影响人体尺度数据的因素。

📖 本章导读

人体工程学是室内装饰设计中必不可少的一门专业知识，了解人体工程学可以使装饰设计尺寸更符合人们的日常行为和需要。现代室内装饰设计特别强调与人体工程学相结合，而人体工程学重视"以人为本"，讲求一切为人服务，所以室内装饰设计范围内的人体工程学是为了满足人在居住环境内精神方面和物质方面的需要而存在的。

5.1 人体工程学概述

人体工程学主要研究科技和空间环境与人类的交互作用。在实际的工作、学习和生活环境中，人体工程学者应用科学知识进行设计，以达到人类安全、舒适、健康、提高工作效率的目的。

PPT讲解

5.1.1 人体工程学的定义

人体工程学起源于欧美，最早是在工业社会大量生产和使用机械设施的情况下，探求人与机械之间的协调关系，它作为独立学科已有40多年的历史。第二次世界大战中的军事科学技术，开始运用人体工程学的原理和方法，如在坦克、飞机的内舱设计中，加入使人在舱内有效地操作和战斗并尽可能使人长时间地在小空间内减少疲劳的人体工程学设计，即处理好：人—机—环境的协调关系。第二次世界大战后，各国把人体工程学的实践和研究成果，迅速有效地运用到空间技术、工业生产、建筑及室内设计中去，1960年创建了国际人体工程学协会。

将人体工程学应用到室内设计，含义是以人为主体，运用生理及心理测量等手段和方法，研究人体结构功能、心理、力学等方面与室内环境之间的合理协调关系，以适合人的身心活动要求，取得最佳的使用效能，其目标应是安全、健康、高效能和舒适等各层次的需求，实现"人—机—环境"的和谐共存。

5.1.2 人体工程学与室内设计的关系

在室内装饰设计中，人的基本行为是行走与观看，因此了解人体在室内空间中的行为状态和适应程度，是确定室内装饰设计的依据，而这个依据就是人体工程学。

由于人体工程学是一门新兴的学科，因此在室内环境设计中应用的深度和广度有待进一步开发，目前已有开展的应用方面如下。

1. 确定人和人际在室内活动所需空间的主要依据

根据人体工程学中的有关测量数据，从人的尺度、动作域、心理空间以及人际交往的空间等确定空间范围。如图5-1所示为基本人体尺度。

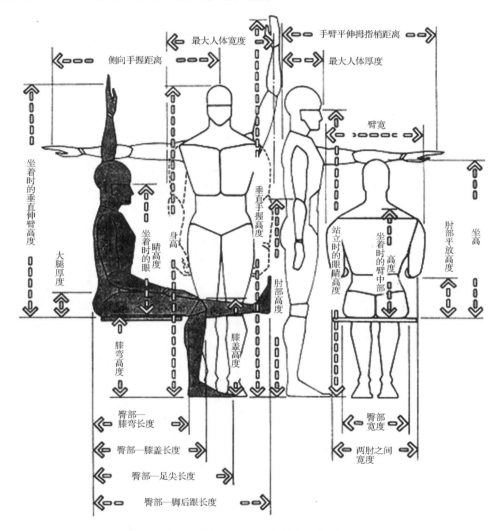

图5-1 室内设计常使用的基本人体尺度

2. 确定家具、设施的形体、尺度及其使用范围的主要依据

家具设施为人所使用，因此它们的形体、尺度必须以人体尺度为主要依据；同时，人们为了使用这些家具和设施，其周围必须留有活动和使用的最小余地，这些问题都由人体工程科学地予以解决。室内空间越小，停留时间越长，对这方面内容测试的要求也越高，例如舒美娜在车厢、船舱、机舱等交通工具内部空间的设计。如图5-2至图5-6所示为人体活动尺度及基本姿势。

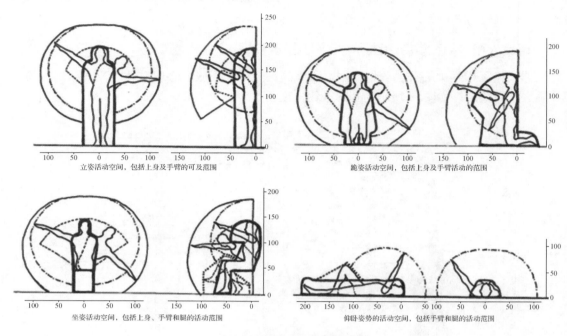

图5-2　人体基本动作尺度

立姿活动空间，包括上身及手臂的可及范围

跪姿活动空间，包括上身及手臂活动的范围

坐姿活动空间，包括上身、手臂和腿的活动范围

仰卧姿势的活动空间，包括手臂和腿的活动范围

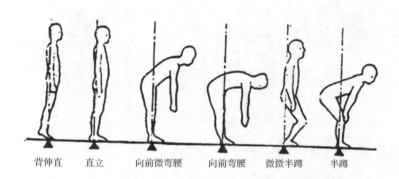

背伸直　　直立　　向前微弯腰　　向前弯腰　　微微半蹲　　半蹲

图5-3　人体基本姿势示意图(1)

盘腿坐　　蹲　　单腿跪立　　双膝跪立　　直跪坐　　爬行　　跪端坐

图5-4　人体基本姿势示意图(2)

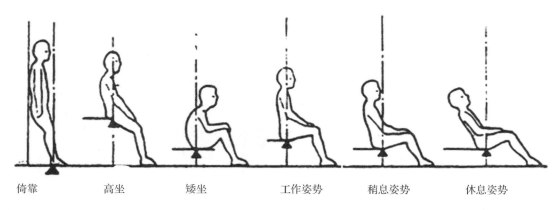

倚靠　　　　高坐　　　　矮坐　　　　工作姿势　　　　稍息姿势　　　　休息姿势

图5-5　人体基本姿势示意图(3)

俯伏撑卧　　　　　　　侧撑卧　　　　　　　　仰卧

图5-6　人体基本姿势示意图(4)

3. 提供适应人体的室内物理环境的最佳参数

室内物理环境主要有室内热环境、声环境、光环境、重力环境、辐射环境等，在室内设计时科学的参数影响正确的决策。

4. 对视觉要素的计测为室内视觉环境设计提供科学依据

人眼的视力、视野、光觉、色觉是视觉的要素，人体工程学通过计测得到的数据，为室内光照设计、室内色彩设计、视觉最佳区域等提供了科学的依据。

人在室内环境中，虽然其心理与行为有个体上的差异，但从总体上分析仍然具有共性，仍然具有以相同或类似的方式做出反应的特点，这也正是我们进行设计的基础。

5.2　人体尺度

人体尺度是人体工程学最基本的内容，环境和机具是为人服务的，也就必须在各种空间尺度上符合人体的尺度。

人体尺度一般是反映人体活动所占有的三维空间，包括人体高度、宽度和胸部前后径，以及各肢体活动时所占用的空间大小。

PPT讲解

5.2.1　影响人体尺度数据的因素

因为人的种族及地域、生活条件、年龄、生活习性、职业和性别等因素的不同，人体尺度也存在差异，具体情况如下所述。

1. 年龄因素

一般情况下，人生长至20岁左右身高停止生长，老年时身高逐渐萎缩。

2. 性别因素

男、女之间存在身高及体型差异，我国男、女身高平均差10 cm左右。

3. 种族和地域因素

白种人、黑种人身高较高，黄种人较白种人、黑种人略矮。我国人口属黄种人，因地域原因南低北高。

4. 生活条件因素

随着人类社会的发展，生活及医疗卫生水平不断提高，人类的生长和发育也发生了一些变化，身高呈普遍增长趋势。

5. 职业因素

脑力劳动从业者比体力劳动从业者略矮，普通人比体育运动员略矮。

5.2.2 人体尺寸

人体尺寸可以分为两大类，即构造尺寸和功能尺寸。

1. 构造尺寸

人体构造尺寸是指静态的人体尺寸，它是人体处于固定的标准状态下测量的。可以测量许多不同的标准状态和不同部位，如手臂长度、腿长度、座高等。

2. 功能尺寸

功能尺寸指动态的人体尺寸，是人在进行某种功能活动时肢体所能达到的空间范围。它在动态的人体状态下测得，是由关节的活动、转动所产生的角度与肢体的长度协调产生的范围尺寸，对于解决许多带有空间范围、位置的问题很有用。虽然构造尺寸对某些设计很有用处，但对于大多数的设计问题，功能尺寸可能有更广泛的用途，因为人总是在运动着，也就是说人体结构是一个活动可变的，而不是保持一定僵死不动的结构，所以说构造尺寸和功能尺寸是不相同的，如图5-7所示。

在使用功能尺寸时强调的是在完成人体的活动时，人体各个部分是不可分的，需要协调动作。例如一种翻墙的军事训练，2米高的墙站在地面上是很难翻过去的，但是如果借助于助跑跳跃就可轻易做到，人跳高的能力根据日本的资料，18岁为55厘米。从这里可以看出人可以通过运动能力扩大自己的活动范围，因此在考虑人体尺寸时只参照人的结构尺寸是不行的，有必要把人的运动能力也考虑进去，企图根据人体结构去解决一切有关空间和尺寸的问题将很困难或者至少是考虑不足的。

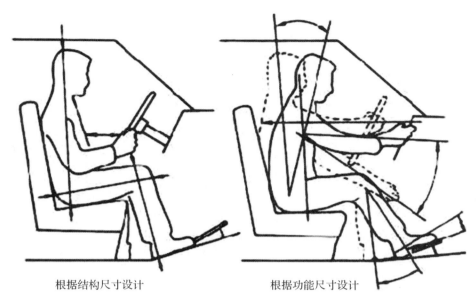

根据结构尺寸设计　　　　　　　　　　根据功能尺寸设计

图5-7　尺寸设计

在室内设计中最有用的是十项人体构造上的尺寸，它们是：身高、体重、坐高、臀部至膝盖长度、臀部的宽度、膝盖高度、膝弯高度、大腿厚度、臀部至膝弯长度、肘间宽度。

5.2.3　百分位的概念

人的人体尺寸有很大的变化，它不是某一确定的数值，而是分布于一定的范围内，如亚洲人的身高是151～188厘米这个范围。但我们在设计时只能用一个确定的数值，而且并不能直接使用平均值，如何确定使用的数值就是百分位的方法要解决的问题。

百分位指具有某一人体尺寸和小于该尺寸的人占统计对象总人数的百分比。

大部分的人体测量数据是按百分位表达的，把研究对象分成一百份，根据一些指定的人体尺寸项目(如身高)，从最小到最大顺序排列，进行分段，每一段的截至点即为一个百分位。例如我们若以身高为例，第5百分位的尺寸表示有5%的人身高等于或小于这个尺寸。换句话说，就是有95%的人身高高于这个尺寸。第95百分位则表示有95%的人等于或小于这个尺寸，5%的人具有更高的身高。第50百分位为中点，表示把一组数平分成两组，较大的50%和较小的50%，第50百分位的数值可以说接近平均值。如图5-8至图5-10所示为人体尺寸。

统计学表明，任意一组特定对象的人体尺寸，其分布规律符合正态分布规律，即大部分属于中间值，只有一小部分属于过大和过小的值，它们分布在范围的两端。在设计上满足所有人的要求是不可能的，但必须满足大多数人。所以必须从中间部分取用能够满足大多数人的尺寸数据作为依据，因此一般都是舍去两头，只涉及中间90%、95%或99%的大多数人，只排除少数人。应该排除多少取决于排除的后果情况和经济效果。

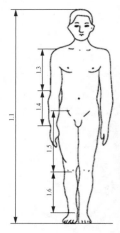

图5-8　人体主要尺寸(单位：mm)

百分位数	男（18～60岁）							女（18～55岁）						
	1	5	10	50	90	95	99	1	5	10	50	90	95	99
1.1身高	1543	1583	1604	1678	1754	1755	1814	1449	1484	1503	1570	1640	1659	1697
1.2体重（kg）	44	48	50	59	71	75	83	39	42	44	52	63	66	74
1.3上臂长	279	289	294	313	333	338	349	252	262	267	284	303	308	319
1.4前臂长	206	216	220	237	253	258	268	185	193	198	213	229	234	242
1.5大腿长	413	428	436	465	496	505	523	387	402	410	438	467	476	494
1.6小腿长	324	338	344	369	396	403	419	300	313	319	344	370	376	390

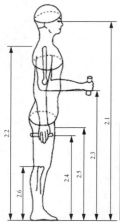

图5-9　立姿人体尺寸(单位：mm)

百分位数	男（18～60岁）							女（18～55岁）						
	1	5	10	50	90	95	99	1	5	10	50	90	95	99
2.1眼高	1436	1474	1495	1568	1642	1664	1705	1337	1371	1388	1454	1522	1541	1759
2.2肩高	1224	1281	1299	1367	1437	1455	1494	1166	1195	1211	1271	1333	1350	1485
2.3肘高	925	954	968	1024	1079	1096	1128	873	899	913	960	1009	1023	1050
2.4手功能高	656	680	693	741	787	801	828	630	650	662	704	746	757	778
2.5会阴高	701	728	741	790	840	856	887	673	673	686	732	779	792	819
2.6胫骨点高	394	409	417	444	472	481	498	377	377	384	410	437	444	459

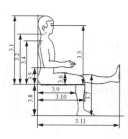

百分位数	男（18～60岁）							女（18～55岁）						
	1	5	10	50	90	95	99	1	5	10	50	90	95	99
3.1坐高	836	858	870	908	947	958	979	789	890	819	855	891	901	920
3.2坐姿颈椎点高	599	615	624	657	691	701	719	563	579	587	617	648	657	675
3.3坐姿眼高	729	749	761	798	836	847	868	678	695	704	739	773	783	803
3.4坐姿肩高	539	557	566	598	631	641	659	504	518	526	556	585	594	609
3.5坐姿肘高	214	228	235	263	291	298	312	201	215	223	251	277	284	299
3.6坐姿大腿厚	103	112	116	130	146	151	160	107	113	117	130	146	151	160
3.7坐姿膝高	441	456	464	493	525	532	549	410	424	431	458	485	493	507
3.8小腿加足高	372	383	389	413	439	448	463	331	342	350	382	399	405	417
3.9坐深	407	421	429	457	486	494	510	388	401	408	433	461	469	485
3.10臀膝距	499	515	524	554	585	595	613	481	495	502	529	561	560	587
3.11坐姿下肢长	892	921	937	992	1046	1063	1096	826	851	865	912	960	975	1005

图5-10　坐姿人体尺寸(单位：mm)

5.2.4 人体尺寸的应用

有了较为完善的人体尺寸数据，还需要正确地应用这些数据才能真正达到人体工程学的目的。

1. 数据的选择

选择适合设计对象的数据是非常重要的，要明确使用者的年龄、性别、职业和民族等各种问题，使得所设计的室内装饰环境和设施适合使用对象的尺寸特征。

2. 百分位的运用

在不涉及安全问题的情况下，使用百分位的建议如下所述。

(1) 由人体总高度、宽度决定的物体，如门、通道、床等，其尺寸应以95百分位的数值为依据，能满足大个的需要，小个子自然没问题。

(2) 由人体某一部分决定的物体，如腿长、臂长决定的座平面高度和手所能触及的范围等，其尺寸应以第5百分位为依据，小个子够得着，大个子自然没问题。

(3) 特殊情况下，如果以第5百分位或第95百分位为限值会造成界限以外的人员使用时不仅不舒适，而且有损健康和造成危险时，尺寸界限应扩大至第1百分位和第99百分位，如紧急出口的直径应以第99百分位为准，栏杆间距应以第1百分位为准。

(4) 目的不在于确定界限，而在于决定最佳范围时，应以第50百分位为依据，这适用于门铃、插座和电灯开关。

3. 可调节性

在某些情况下，我们可以通过调节的做法扩大使用的范围，以让大部分人的使用合理和舒适。例如可升降的椅子和可调节的隔板调节幅度的确定，有两种观点：一是用极值，即1百分位～99百分位，尽量适用于更多的人；另一种是不用极值，以10百分位～90百分位为幅度，因为这样的设计，技术上简便，使用起来对大多数人合适。我们再回过头来看人体尺寸分布图，可以看出90%的人都在第5～第95百分位这个范围之内，也就是这个范围满足了大多数人的要求，因此一味追求普遍性而花很多的钱，使少数人受益是不合适的。

4. 区别考虑各项人体尺寸

实践中常发生以比例适中的人为基准的错误做法，其实身高相同的人不同项目的人体尺寸相互之间的独立性很大，因此在设计时要分别考虑每个项目的尺寸。如身高相等但身体比例不同的两个人，不同项目之间的人体尺寸必然存在一定差距。

5.3 动作空间

人体的动作空间主要分为两大类：一是人体处于静态时肢体的活动范围，二是人体处于动态时全身的动作范围。

PPT讲解

肢体活动范围由肢体的转动空间和肢体长度构成。实际生活中人们的生活行为是多种体态的，基本上有四种：立位、椅坐位、平坐位、卧位。

1. 立位

立位，即以头的高度为标准，分为六种：伸腰、普通站立、稍向前弯腰、向前深弯腰、浅下蹲、深下蹲。

2. 椅坐位

椅坐位，按椅子的使用功能和座面高度的不同可分为：平靠、坐在凳子(60 cm和20 cm)上、坐在工作椅子上、坐在简便休息椅上、坐在休息椅上。

3. 平坐位

平坐位包括下蹲、单膝下跪、双膝下跪、双膝跪坐、趴下、正坐、盘腿坐、屈膝坐、伸腿坐。

4. 卧位

卧位包括俯卧、侧卧、仰卧。

5.4　人体工程学与家具设计

家具产品本身是为人的使用而服务的，所以家具设计中的尺度、造型、色彩及布置方式都必须符合人体生理、心理尺度及人体各部分的活动规律，以便达到安全、高效、实用、方便、健康、舒适、美观的目的。

PPT讲解

5.4.1　座椅的设计

座椅使用的历史悠久，无论工作、生活、娱乐、学习都离不开座椅，因此座椅的研究设计受到了广泛的重视。理想的座椅是人坐上去时，体量能均衡分布，大腿平放，两脚着地，上臂不负担身体重量，肌肉放松。工作时使用这样的座椅，可减少疲劳，提高工作效率，并给人以舒适感。因此在设计座椅时，应该考虑座椅的结构形式、几何参数与人体坐态生理特征、体压分布的关系问题。

1. 人体坐态生理特征

要想了解何种坐姿可以获得舒适和不易疲劳的生理反应，就有必要了解人体脊柱的组织结构、腰曲变形及舒适的坐姿生理要求。

脊柱位于人体背部中央，是人体的主要支柱。尤其是腰椎承受着人的上体全部重量，同时还要实现人体运动时弯腰、扭转等活动，最容易损伤和腰曲变形。舒适的坐态生理，应保证腰区弧形处于正常状态，因此一般靠背倾斜角度为5°~10°的座椅人体感觉较为舒适。

2. 座椅的几何参数

座椅的几何参数主要有座高、座宽、座深、扶手高等。

坐高指座前沿至地面的垂直距离，即座面前缘高度。座面高度应使坐着的人大腿近似水平，小腿自然垂直，脚掌平放在地面上，既保证不因座面过高而使大腿受压，又保证不因座面过低而增加背部肌肉的负荷。因此，座高应以小腿+足高的第5百分位设计，即座高=小腿+足高+鞋底厚度，且座椅因用途不同座面高度也不相同。

坐宽指座面的横向宽度。在条件允许的情况下，以宽为好，可方便就坐者变换姿势。通常以女性臀宽尺寸的第95百分位数据进行设计，如果是成排的椅子，还必须考虑肘与肘的宽度，若穿着特殊的衣服，应增加适当的间隙。

坐深指椅面前后的距离，其尺寸应满足三个条件：使臀部得到充分支持；腰部得到靠背的支持；椅前缘与小腿间留有适当距离，以保证大腿肌肉不受挤压，小腿可自由活动。座深太深，腰部肌肉处于紧张状态，双脚易翘起，坐姿显得懒散；座深太浅，坐不稳，缺乏安全感。

扶手高度不宜过高，以免引起肩部疼痛，可根据座椅使用用途不同区别对待。如休息椅扶手高度可取座面以上200～230 mm，两扶手间距为500～600 mm。

5.4.2　工作面的设计

工作面是指作业时手的活动面，可以是台面，也可以是键盘面等作业区域。

作业区设计主要依据人体尺寸的测量数据，而作业性质、生理、心理等因素也会影响作业区的设计，所以作业面的高度及台面尺寸是决定人工作时身体姿势的重要因素。

1. 工作面高度

工作面高度是由人体肘部高度决定的，而不是由地面以上的高度确定的，工作面的最佳高度略低于人的肘部。不正确的工作面高度将影响工作者的姿势，引起身体歪曲，以致腰酸背痛。不论是坐着工作还是站立工作，都存在一个最佳工作面高度问题。工作面高度按基本作业姿势可分为站立作业和坐姿作业：站立作业工作面高度决定于手的活动面高度，男性最佳作业面为950～1000 mm，女性最佳作业面为880～930 mm；坐姿作业工作面高度以在肘高以下50～100 mm为宜。

2. 工作面水平尺寸

工作者采用立姿或坐姿作业时，上肢在水平面上移动形成的轨迹所包括的区域称为水平工作区域。一般办公桌水平尺寸为600 mm×1200 mm、600 mm×1400 mm、700 mm×1400 mm。

5.4.3　床的设计

睡眠是每个人每天都需要进行的一项生理过程。人的一生大约1/3的时间是在睡眠中度过的，睡眠是一种最好的休息方式。而与睡眠直接相关的家具是床，因此床的设计是非常重要的，床设计得好坏会直接影响到人的工作及休息，直接影响人的生活质量和健康。

1. 床的尺寸

床的基本功能是使人躺在床上舒适地睡眠、休息。因此床的尺寸必须考虑床与人体的关系，床的具体设计尺寸，需要从床宽、床长、床高三方面考虑。

床宽：床的宽窄直接影响人们的睡眠质量，床越窄，人的睡眠深度就越浅，而且人睡眠时得活动需要占据一定的空间，所以通常床宽约为人体仰卧时肩宽的2~3倍。单人床宽一般为900~1200 mm，双人床宽为1350 mm、1500 mm、1800 mm、2000 mm。

床长即床板前后的距离。床长=95%身高×1.05+头上余量+脚下余量。一般为1950~2000 mm，过短长度不够，脚伸在床外；过长则浪费空间及材料。

床高：床的高度应该与座高一致，以满足坐在床上的需要，一般为450~500 mm。双层床的高度：上、下层净高1120 mm，总净高不小于3000 mm。

2. 床面材料

床面材料的软硬程度同样影响人的睡眠质量。硬床使人体重量压力在床上分布不均匀，集中在几个小区域，易造成局部肌肉压力过大，血液循环不好等问题。铺上床垫以后，硬度就减小，接触面积增大，局部压力减小，所以睡起来较舒适。但床也不是越软越好，正常人仰卧和直立时，脊椎形状均为S形自然弯曲，后脊及腰部的曲线也随之起伏，人躺下后，重心在腰部附近，如果床太软，由于重力的作用，腰部会下沉，造成腰椎曲线变形，腰背部肌肉受力，影响睡眠。所以床面材料设计，最好不要太硬，也不要太柔软，舒适即可。

在人类的日常生活中，室内环境扮演着极为重要的角色，是满足人类的各层次需要的核心。美国心理学家亚伯拉罕·马斯洛在"需求层次理论"中明确提出，人的需求从生理、安全、社交、自尊到自我实现共分为五个层次，在高层次的需求出现之前，低层次的需求必须在某种程度上先得到满足。生理需求的简单理解是身体的基本需要，即在不受外界自然因素和人为干扰的前提下，拥有一个安全健康的环境，让身体得到放松。在这个特定的场所中，室内家具与空间环境的舒适度直接决定了人们生理需求的满足程度，这就意味着人们需要进一步明确以积极有效的方式来设计和改造环境的可能性。在此基础上，人体工程学致力于将人体的测量数据、感官反应、动作行为与室内家具、空间环境相结合，发掘具体对象的不同层次需求标准，实现人—机—环境的和谐统一。

(1) 人体工程学与室内设计的关系是什么？

(2) 影响人体尺度数据的因素有哪几个？

课堂实训

实训课题：设计一款适合自己的工作台

内容：通过对人体工程学的学习，设计一款适合自己的、科学的、美观的工作台。

要求：画出设计效果图并仔细标注各类数据，写出设计说明，详细阐述设计原理、设计思路、设计亮点，不少于2000字。

第6章

室内空间与界面设计

学习要点及目标

- 了解室内空间的概念与功能。
- 掌握界面设计的内容、要求和功能特点。
- 了解不同界面的设计原则与设计手法。

本章导读

　　室内设计主要包括：室内空间设计、室内界面设计、室内光环境与色彩设计、室内装饰材料、家具陈设设计与选择等多方面的工作。其中，空间是室内设计系统中的核心要素，是室内设计的基础。在室内设计中应先进行空间的划分、限定与组织，在此基础上再进行其他环节的设计。

6.1　室内空间的概念与功能

　　室内空间是室内设计的重要内容，是完成整个内部环境设计的基础。室内空间是与人最接近的尺度，室内空间周围存在的一切都与人息息相关。现代室内空间环境，随着人们物质与精神的需要，随着人们文化追求的提高，也在不断发生着变化，但无论怎样变化，若室内空间组织合理，内部环境设计的其他工作就有了可靠的依托。

PPT讲解

6.1.1　室内空间的概念

　　室内空间是指被底界面、侧界面、顶界面同时围合而成的建筑内部空间。因此，空间是建筑的主体，室内空间设计是对建筑空间的再创造。

　　当我们进入室内，时刻会感觉到被建筑空间围护着。这种感觉来自于周围的室内空间的墙壁、地板和天花板限定的界面，它们围护空间，连接空间界限。墙壁、地板和天花板不仅标志着围合的空间品质，它们的形态、构造与窗户的形式以及门的开洞位置还赋予室内空间以不同的建筑品质。

　　室内空间由地面、墙面和顶面三部分围合而成，确定了室内空间大小和不同的空间形态，从而形成室内空间环境。

　　地面：是指室内空间的底面，如图6-1所示。地面由于与人体的关系最为接近，作为室内空间的平整基面，是室内空间设计的主要组成部分。因此，地面设计应功能区域划分明确，在具备实用功能的同时应给人以一定的审美感受和空间感受。

　　墙面：是指室内空间的墙面(包括隔断)，如图6-2所示。墙面是室内外空间构成的重要部分，对控制空间序列，创造空间形象具有十分重要的作用。

图6-1 地面

图6-2 墙面

顶面：即室内空间的顶界面，如图6-3所示。一个顶面可以限定它本身至底面之间的空间范围，室内空间设计中经常采用吊顶来界定和改造空间。在空间设计中，这个顶面非常活跃，正由于活跃的顶面因素，为我们提供了丰富的顶面。在空间尺度上，较高的顶棚能产生庄重严肃的气氛，低顶棚设计能给人一种亲切感，但太低又使人产生压抑感。好的顶面设计犹如空间上部的变奏音符，产生整体空间的节奏与旋律感，给空间创造出艺术的氛围。

图6-3　顶面

6.1.2　室内空间的功能

室内空间应满足居住者的物质和精神功能需求。

1. 物质功能

物质功能需求主要包括空间使用上的要求，例如：合适的空间面积与形状；适合的家具、陈设布置；科学地创造良好的采光、照明、通风、隔音等物理环境，等等。

2. 精神功能

精神功能需求是在满足物质需求的同时，从人的文化、心理需求出发，考虑居住者不同的爱好、审美、民族文化、地域风俗等，并能充分体现在空间形式的处理和空间形象的塑造上，使人获得精神上的满足和美的享受，如图6-4所示。

图6-4　空间塑造

6.2　室内空间的界面设计

　　室内界面既是构成室内空间的物质元素，又是室内进行再创造的有形实体，它们的变化关系直接影响室内空间的分隔、联系、组织和艺术氛围的创造。因此，界面在室内设计中具有重要的作用。

PPT讲解

6.2.1　界面设计的内容、要求及功能特点

1. 界面设计的内容

　　室内界面，包含围合成室内空间的底面即地面、侧面即墙面和顶面即顶棚三部分。从室内装饰设计的大局观念出发，设计者必须把空间与界面有机地结合在一起进行分析和设计。但是在具体的设计进程中，不同阶段有不同的侧重点，如在室内空间组织、平面布局基本确定以后，对界面实体的设计就变得非常重要，它使空间设计变得更加丰富和完善。因此，界面设计从界面组成角度又可分为顶界面——顶棚设计、底界面——地面设计、侧界面——

墙面设计三部分；从设计手法上主要分为界面造型设计、界面色彩设计、界面材料与质感设计。

此外，作为材料实体的界面，除了界面的造型、色彩、材料与质感设计外，界面设计还需要与建筑室内的设施、陈设予以周密的协调，和谐美观。

2. 界面设计的要求

进行室内装饰设计时，对底界面、侧界面、顶界面等各类界面的设计应满足安全、舒适、健康、实用和美观的要求，具体如下所述。

(1) 无毒，主要指散发气体及触摸时的有害物质低于核定剂量，并具有无害的核定放射剂量。

(2) 满足耐久性及使用期限要求。

(3) 具有一定的耐燃及防火性能，应尽量采用不燃及难燃性材料，避免采用燃烧时释放大量浓烟及有害气体的材料。

(4) 必要的隔热、保暖、隔声、吸声性能。

(5) 易于制作安装和施工，便于更新。

(6) 经济合理。

(7) 装饰与美观要求。

3. 界面的功能特点

(1) 顶界面：应满足质轻、光反射率高、保温、隔热、隔声、吸声等要求。

(2) 底界面：应具有防滑、耐磨、易清洁、防静电等特点。

(3) 侧界面：除了遮挡视线外，应具有较高的保温、隔热、隔声、吸声等特点。

6.2.2 顶界面——顶棚设计

空间的顶界面即顶棚，最能反映空间的形态及关系，对于界定、强化空间形态、范围及不封闭空间关系有重要作用。顶棚位于空间上部，具有位置高、不受遮挡、透视感强、引人关注的特点，因此通过对顶棚的艺术处理，可以达到突出重点、增强空间艺术效果的作用。

顶棚随室内空间特点的不同处理手法各式各样。从与结构的关系角度，顶棚的结构分为显露结构式、半显露结构式、掩盖结构式。

1. 显露结构式

显露结构式——顶棚完全暴露空间结构的任何设备的做法。近现代建筑所运用的新型结构，有的造型独特，有的轻巧美观，如框架结构形式即使不加任何处理，也可以成为很美的顶棚，如图6-5所示。

2. 半显露结构式

半显露结构式——在条件允许的情况下，顶棚设计应当和建筑结构巧妙地结合，在重点空间上部或需要遮挡设备等部位做部分吊顶，如图6-6所示。

图6-5 显露结构式

图6-6 半显露结构式

3. 掩盖结构式

掩盖结构式——采用完全吊顶的顶棚处理方式。吊顶形式丰富多样。

(1) 造型角度。从造型角度,吊顶有平顶、穹顶、井格式、吊顶外凸和内凹及图案装饰式等;如图6-7所示,由顶棚与墙面形成整体式设计方法;又在顶棚设计上采用一定的主题或几何形态的手法,其中造型和图案在其他界面一般都有所呼应或重复。

图6-7 吊顶造型

(2) 光角度。从光的角度,顶棚分为具有自然采光功能的顶棚、通过照明手段形成的发光顶棚。前者通过各种形式的天窗使室内空间明亮、开朗,光影变化丰富,同时还能节约能源,如图6-8所示;后者除了满足照明要求外,还可以突出主题、烘托气氛,同时灯具形式也是顶棚造型的重要手段,如图6-9所示。

(3) 色彩角度。色彩可以影响人们的心理,所以在处理室内界面设计时需要特别注意。一般来讲,暖色可以使人产生紧张、热烈、兴奋等情绪,而冷色则使人产生安定、幽雅、宁静等情绪。暖色使人感到膨胀和靠近,冷色使人感到收缩和后退。因此,两个大小相同的房间,暖色系的会显得小,而冷色系的则显得大。不同明度的色彩,也会使人产生不同的感觉。明度高的色调使人感到明快、兴奋,明度低的色调使人感到压抑、沉闷。此外,色彩的深浅不同给人的重量感也不同。浅色给人的感觉轻,深色给人的感觉重。因此室内色彩一般多遵循上浅下深的原则来处理,自上而下,顶棚最浅,墙面稍深,护墙更深,踢脚板与地面最深,这样上轻下重,空间稳定感好。另外,顶棚起反射光线的作用,一般顶棚色彩在室内色彩中选择明度最高的。因此,顶棚大多取白色、淡蓝、淡黄等色彩,但有时因营造气氛的需要,也可采取与上述相反的做法,即顶棚用低明度的色彩。例如有的酒吧、KTV等娱乐场所往往采用这种处理方法。

图6-8　自然采光吊顶

图6-9　人工采光吊顶

（4）材质角度。任何一种材料都具有与众不同的特殊质感。材料的质感可以归纳为：坚硬与柔软、粗犷与细腻、粗糙与光滑、温暖与寒冷、华丽与朴素、沉重与轻巧等基本感觉形态。传统天然的材料像木、竹、藤、布艺等给人们以朴素、温暖、亲切感，人工材料如铁、钢、铝合金、玻璃等则简洁明快、精致细腻。不同质和表面不同加工的材料，给人的感受也不一样。因此，顶棚应充分考虑空间功能要求，根据材料的特性，选择合适的材料进行设计。顶棚设计从材料的生成方式，可分为体现传统自然材质的田园式顶棚和体现现代材料技术、人工材质的现代感顶棚；从材质角度又可分为软质顶棚和硬质顶棚两种形式。软质顶棚主要指用布艺等质感柔软的材料作顶棚或吊顶装饰材料，硬质顶棚主要体现在选用材料的质感坚硬、造型硬朗。

6.2.3 底界面——地面设计

地面作为空间的底界面，需要用来承托家具、陈设、设备和人的活动，其形态、色彩、质地和图案将直接影响室内气氛。

1. 地面造型设计

地面的造型主要是通过地面凸、凹形成有高差变化的空间，如图6-10所示，而凸出、凹下的地面形态可以是方形、圆形、自由曲线形等，使室内空间富有变化。也有通过地面图案的处理来进行地面造型设计。地面图案设计一般分为抽象几何形、具象植物和动物图案、主题式(标识或标志)等。地面的形态设计往往与空间、顶棚的形态相呼应，使主要空间的艺术效果更加突出和鲜明。

图6-10　凹凸地面造型

2. 地面的色彩设计

地面起到呼应和加强墙面及家具色彩的作用，所以地面色彩应与墙面、家具的色调相协调。通常地面色彩应比墙面稍深一些，可选用低彩度、含灰色成分较高的色彩，常用的色彩有：暗红色、褐色、深褐色、米黄色、木色以及各种浅灰色和灰色等。在运用这些色相时要注意选择较低的彩度，如图6-11所示。

图6-11　低彩度地面

3. 地面的光艺术设计

在地面设计中，有时可利用光的处理手法来达到独特的艺术效果。在地面下方设置灯光或配置地灯，既丰富了视觉感受，又可起到引导作用。地面的光设置除了导向作用外，还能作为地面的装饰图案，如图6-12所示。

图6-12　地面的光艺术

4. 地面的材质设计

地面一般选用比较耐磨、结实、便于清洗的材料，如天然石材、水磨石、毛石、地砖等，也有选用大理石、木地板或地毯等高规格材料的。木地板因其特有的自然纹理和表面的光洁处理，不仅视觉效果好，而且显得雅致、有情调。花岗石地面因其材质的均匀和色差小，能形成统一的整体效果，再经过巧妙的构思，往往能取得理想的效果。地砖铺地变化较少，但通过图案设计和色彩搭配，也能取得很好的效果。鹅卵石地面经过拼贴组合，再加上其本身的自然特性，可以营造室内空间的特色气氛。此外，地面设计除采用同种材料变化之外，也可用两种或多种材料进行构成，既可以此来界定不同的功能空间，同时又使地面有了变化。

6.2.4　侧界面——墙面、隔断的设计

1. 墙面设计

墙面作为围合空间的侧界面，是以垂直面的形式出现的，对人的视觉影响至关重要。在墙面装饰处理中，要将门、窗、灯具及其他细部装饰作为统一的整体联系在一起，才能获得完整和谐的效果。

(1) 墙面造型设计。墙面造型设计首先要考虑虚实关系的处理，门、窗为虚，墙面为实，因此门、窗与墙面形状、大小的对比和变化往往是决定墙面形态设计成败的关键。墙面的设计应根据每一面墙的特点，或以虚为主，虚中有实；或以实为主，实中有虚；应尽量避免虚实平均的设计方法。

其次考虑通过墙面图案的处理来进行墙面造型设计。可以对墙面进行分格处理，使墙面图案肌理产生变化；采用壁画、绘有各种图案的墙纸和面砖等手段丰富墙面设计；通过几何形体在墙面上的组合构图、凹凸变化，构成具有立体效果的墙面装饰。

另外，墙面造型设计还应当正确地显示空间的尺度和方向感，不恰当的虚实对比关系、墙面分格形式、肌理尺度，都会造成错觉，并歪曲空间的尺度感和方向感。比如在一般情况下，低矮空间的墙面多适合于采用竖向分割的处理方法，高耸空间的墙面多适合于采用横向分割的处理方法，这样可以从视觉心理上增加和降低空间高度。此外，横向分割的墙面常具有水平方向感和安定感，竖向分割的墙面则可以使人产生垂直方向感、兴奋感和高耸感。

(2) 墙面的光设计。利用光作为墙面的装饰要素，将使墙面和墙面围合的空间环境独具魅力。一是通过在墙面不同部位设不同形态的洞口或窗，把自然光与空气引入，一天之中随着光线的缓缓移动，光与色彩、空间、墙体奇妙地交错在一起，形成墙面、空间的虚实、明暗和光影形态的变化，同时与室外空间在视觉上流流通，把室外景观引入室内，增加室内空间效果，如图6-13所示。二是通过墙面人工照明设计，营造空间特有的气氛，如图6-14所示。

(3) 墙面的材质设计。合理使用和搭配装饰材料，使墙面富有特点、富于变化。常见的墙面装饰材料有乳胶漆、木材、石材、壁纸、壁布、壁砖、玻璃等，可以根据房屋装饰风格和居住者的喜好选择一种或多种材料进行装饰。

(4) 墙面的色彩设计。墙面因面积较大，其色彩往往构成室内的基本色调，其他部分的色彩都要受其约束。墙面色彩通常也是室内物体的背景色。它一般采用低彩度、高明度的色彩。这样处理不易使人产生视觉疲劳，同时可提高与家具色调的适应性，对于有特殊功用的房间如医院、幼儿园等，应根据功能需要而采用恰当的色彩。设计墙面色彩时应考虑房间朝向、气候等条件，同时还应与建筑外部的色彩相协调，忌用建筑外环境色调的补色。墙裙的色彩一般应比上部墙的明度低。踢脚线应采用与墙或墙裙色的同一色相，但明度要低于墙裙，并且要与其进行有意识的区分。

图6-13　自然采光墙面

图6-14　人工照明墙面

2. 隔断

室内设计中，往往需要隔断分隔空间和围合空间，它比用地面高差变化或顶棚顶部造型变化来限定空间更实用和灵活，因为它可以脱离建筑结构而自由变动、组合。隔断除具有划分空间的作用外，还能增加空间的层次感，组织人流路线，增加空间中可依托的边界等。

隔断从形式上来分，可分为活动隔断和固定隔断。活动隔断如屏风、家具以及绿化等。固定隔断又可分为实心固定隔断和镂空式固定隔断。采用实心固定隔断来划分空间，使被围合的空间更有私密性；采用镂空通透的网状隔断，使空间分中有合，层次丰富。

此外，进行墙面设计时还应综合考虑多种因素，如墙体的结构、造型和墙面上所依附的设备等，更重要的是应自始至终地把整体空间构思、立意贯穿其中。然后动用一切造型因素，如点、线、面、色彩、材质，选择适当的手法，使墙面设计合理、美观，同时呼应及强化主题。

6.3 室内界面的艺术处理

在界面的具体设计中，根据室内环境气氛的要求和材料、设备、施工工艺等现实条件，需重点运用一些手法对室内界面进行艺术处理。

PPT讲解

6.3.1 界面的质感

在构成室内空间环境的众多因素中，各界面装饰材料的质感对室内环境的变化起到重要的作用。质感包括形态、色彩、质地和肌理等几个方面的特征。要形成个性化的现代室内空间环境，设计师不必刻意运用过多的技巧处理空间形态和细部造型，应主要依靠材质本身体现设计，重点在于材料肌理与质地的组合运用。肌理是指材料本身的肌体形态和表面纹理，是质感的形式要素，反映材料表面的形态特征，使材料的质感体现更具体、形象；质地是质感的内容要素，是物面的理化类别特征。在室内环境中，人主要通过触觉和视觉感知实体物质，对不同装饰材料的肌理和质地的心理感受差异较大。常见的装饰材料中，抛光平整光滑的石材质地坚固、凝重；纹理清晰的木质、竹质材料给人以亲切、柔和、温暖的感觉；带有斧痕的假石有力、粗犷豪放；反射性较强的金属质地不仅坚硬牢固、张力强大、冷漠，而且美观新颖、高贵，具有强烈的时代感；纺织纤维品如毛麻、丝绒、锦缎与皮革质地给人以柔软、舒适、豪华典型之感；清水勾缝砖墙面使人想起浓浓的乡土情；大面积的灰砂粉刷面平易近人，整体感强；玻璃使人产生一种洁净、明亮和通透之感。不同材料的材质决定了材料的独特性和相互间的差异性。在装饰材料的运用中，人们往往利用材质的独特性和差异性来创造富有个性的室内空间环境。

天然材料中的木、竹、藤、麻、棉等材料常给人以亲切感，如图6-15所示，室内采用显示纹理的木材、藤竹家具等材料，粗犷自然，富有生机，使人有回归自然的感受。

图6-15　天然材料界面

6.3.2　界面的图案与线脚

界面上的图案必须从属于室内环境整体气氛的要求，起到烘托、加强室内精神功能的作用。图案与线脚的花饰与纹样，是室内装饰风格的表现。根据不同的场合，图案可能是具象的或抽象的、多色或单色的、有主题或无主题的。根据不同的表现手段，图案有绘制的、与界面同材质的或不同材质的。同时，界面的图案还需要考虑与室内陈设、家具、织物的协调，如图6-16所示。

图6-16　协调的界面

6.3.3　界面的形状

　　界面的形状，较多的情况是以结构构件、承重墙柱等为依托，以结构体系构成轮廓，形成平面、拱形、折面等不同形状的界面，也可以根据室内使用功能对空间形状的需要，脱离结构层重新考虑，如剧场、会场、演播厅等界面，往往需要结合声学要求进行设计。如图6-17所示，界面的形状也可以按照所需的环境气氛进行设计。

图6-17　界面的形状

 知识拓展

Bologna

项目名称：Bologna

项目位置：辽宁海城知名地产项目

面积：350平

设计师：赵磊

材料：大理石、黑钢、皮革、玻璃等

灵感来自于当代的永恒哲学，设计师赵磊希望为大龙的家，寻找一种契合意大利艺术气息的极简设计，体现精致、优雅的生活方式。业主的最爱——意大利老牌摩托车杜卡迪，当仁不让成为空间的主角。

大体量的留白、冷色调、杜卡迪摩托车、隐藏式音响、极致的简约营造出睿智、理性的极简轻奢的生活质感。

光与影的介入打破单一色调带来的沉闷，随着空间动线的流转，呈现出丰富的表情，呼应空间的情绪表达。

家是一个容器，承载着生活的日常和主人的气质，它时而冷峻寂寥，时而活力四射。褪去多种色彩和繁杂材质的介入，忠于对大理石与高级灰的偏执，朴素的极简主义美，成就了更高级的时尚。"光给予空间特性，光给予空间生命"。如图6-18至图6-21所示，天然纹理气势磅礴的灰色肌理表面，因为光的催化，而展现出迷人的表情，继而带出轻奢主义的质感。每个空间形态的语言应是丰富且直白的：丰富是为了适应不同的功能需要，直白则是一种化繁为简的空间态度。大理石高级灰内敛深沉、矜持冷静，整个空间典雅沉静，让情境的回归变得纯粹。其素雅色彩及材质中的含蓄意境，与不同材质之间的碰撞，无形之中将空间意境娓娓道来。

图6-18 大堂

图6-19　小品

图6-20　客厅

图6-21　入户

本章小结

　　室内空间组织和界面处理是室内设计的重要组成部分，是确定室内环境基本形体和线型的设计内容，设计时以物质功能和精神功能为依据，考虑相关的客观环境因素和主观的身心感受。室内空间组织和界面处理除满足基本功能外，更应注意不同的室内空间意境的营造，能使人们深深地感受到大自然、地域文化、民俗情趣、时尚与个性，同时人们也能传递思想和情感。

思考题

　　(1) 室内空间的功能是什么？
　　(2) 界面设计的要求有哪几个？

课堂实训

　　实训课题：设计一居住空间的界面处理(墙面、地面、顶面)
　　内容：通过对本章的学习，对室内居住空间进行界面设计。
　　要求：视角自定，有自己的创意；顶面界面加注灯具；A4纸手绘上色完成。

第7章

室内空间的分类和分隔

学习要点及目标

● 了解室内空间的类型。
● 掌握室内空间的分隔方式。

本章导读

　　室内空间的规划是一切室内设计活动的根本。空间是一种实实在在的物质，也是一种没有限制的未定形的东西。它的视觉形式、量度和尺度、光线特征——所有这些特点都依赖于我们的感知，即我们对于形体要素所限定的空间界限的感知。但可以确切地说，任何一个由点、线、面、体构成的空间，其造型、色彩、材料等要素是相互关联、互相影响、不可分割的整体，每一种要素的变化都会引起人在心理和生理上的不同感受。这种要素的组合与变化根据社会的发展和社会审美意识的提高而被赋予新的内涵。社会的政治、经济、文化、伦理、地域、人种的不同对空间的形成都施以深远的影响，从而造成了空间性格的多样性。

7.1 室内空间的类型

　　随着科技的发展、社会的进步，人们的审美需求和观念也随之不断变化和创新，不断出现形式多样的室内空间。

PPT讲解

　　建筑空间有内部空间和外部空间之分。内部空间又可分为固定空间和可变空间两大类。固定空间是在建筑主体工程时形成的，是由天花板、地面、墙面等围合而成，也可以称为第一次空间。在固定空间内用隔墙、隔断、家具等装饰元素把空间再次划分成不同的空间形式，就形成了可变空间，也称为第二次空间。下面向大家简要介绍几种室内空间形态。

7.1.1 结构空间

　　通过对结构外露部分的观赏，来领悟结构构思及营造技艺所形成的空间类的环境，可称为结构空间，如图7-1所示。

　　室内设计师应充分利用合理的结构，为视觉空间艺术创造提供明显的或潜在的条件。结构的现代感、力度感、科技感和安全感，是真、善、美的体现，比烦琐和虚假的装饰更震撼人心。

图7-1 结构空间

7.1.2 封闭空间和开敞空间

1. 封闭空间

封闭空间(见图7-2)即用限定性比较高的围护实体(如承重墙、轻体隔墙等)包围起来的,无论是视觉、听觉等都有很强隔离性的空间。其性格是内向的、拒绝性的,具有很强的领域感、安全感和私密性。它与周围环境的流动性较差。随着围护实体限定性的降低,封闭性也会相应减弱,而与周围环境的渗透性相对增加。在不影响特定的封闭技能的原则下,为了打破封闭的深沉感,经常采用灯窗、人造景窗、镜面等来扩大空间感和增加空间的层次。

在封闭空间内,由于界面围合程度高,室内空间形成与外界的分隔,心理上安全感较多,且能保持安静、不受干扰,室内活动也不干扰别人,有很高的私密性。

但封闭空间中因空间闭塞、不流畅,使人心理上感到沉闷,时间长了还会使人感觉孤独、寂寞甚至恐慌。封闭空间因室内空气不能流动和更新,室内有害气体不能及时排除,对人身体极为不利。

设计时为了既保留封闭空间安全、无干扰、私密性强的优点,又消除或减轻了封闭空间的弱点,在围合界面上选择有利方位,适当地扩大开门开窗的洞口面积,使室外景观、气息与清风能够渗透进来,用以调节人的视觉和感受,改善室内空气质量。大部分的居室、办公室均采取此类型空间。

2. 开敞空间

开敞空间(见图7-3)的开敞程度取决于有无侧界面、侧界面的围合程度、开洞的大小及启闭的控制能力等。开敞空间是外向性的,限定度和私密性较小,强调与周围环境的交流、渗透,讲究对景、借景,以及与大自然或周围空间的结合。和同样面积的封闭空间相比,开敞空间显得要大些。其心理效果表现为开朗、活泼，性格是接纳性的。开敞空间经常作为室内外的过渡空间，有一定的流动性和很高的趣味性，是开放心理在环境中的反映。

开敞空间引入了环境景观，加强了通风采光，使室内室外空间融为一体，人在室内，宛如置身大自然中，既具有室内遮阳避雨、悠闲自得的舒适感受，又与自然环境亲近，身心可以得到较好享受。

图7-2　封闭空间

图7-3　开敞空间

7.1.3　动态空间和静态空间

1. 动态空间

动态空间(见图7-4)引导人们从"动"的角度观察周围事物，把人们带到一个由空间和时间相结合的"第四空间"。

动态空间有以下特色。

(1) 利用机械化、电气化、自动化的设施如电梯、自动扶梯、旋转地面、可调节的围护面、各种管线、活动雕塑以及各种信息展示等，加上人的各种活动，形成丰富的动势。

(2) 组织引导人流动的空间系列，方向性比较明确。

(3) 空间组织灵活，人的活动路线不是单向而是多向。

(4) 利用对比强烈的图案和有动感的线型。

(5) 利用光怪陆离的光影、生动的背景音乐。

(6) 引进自然景物，如瀑布、花木、小溪、阳光乃至禽鸟。

图7-4　动态空间

(7) 楼梯、壁画、家具等的组合，使人时停、时动、时静。

(8) 利用匾额、楹联等启发人们对动态的联想。

2. 静态空间

人们热衷于创造动态空间，但仍不能排除对静态空间的需要，这是基于动静结合的生理规律和活动规律，也是为了满足心理上对动与静的交替追求。静态空间(见图7-5)一般有如下特点。

(1) 空间的限定度较强，趋于封闭型。

(2) 多为尽端空间，序列到此结束，私密性较强。

(3) 多为对称空间(四面对称或左右对称)，除了向心、离心以外，其他的倾向较少，达到一种静态的平衡。

(4) 空间及陈设的比例、尺度协调。

(5) 色调淡雅和谐，光线柔和，装饰简洁。

(6) 视线转换平和，避免强制性引导线的因素。

图7-5　静态空间

7.1.4　流动空间

流动空间的主旨是不把空间作为一种消极静止的存在，而是把它看作一种生动的力量。在空间设计中，避免孤立静止的体量组合，追求连续的运动的空间。如图7-6所示，空间在水平和垂直方向都采用象征性的分隔，从而保持最大限度的交融和连续，视线通透，交通无阻隔性或极小阻隔性。为了增强流动感，往往借助流畅的极富动态的、有方向引导性的线型。空间的流动感也往往基于空间构图原理，通常利用结构本身所具有的受力合理的曲线或曲面的几何体而形成。在某些需要隔音或保持一定小气候的空间，经常采用透明度大的隔断，以保持与周围环境的流通。

图7-6　流动空间

7.1.5　悬浮空间

　　室内空间在垂直方向的划分采用悬吊结构时，上层空间的底界面不是靠墙或柱子支撑，而是依靠吊杆悬吊，也有不用吊杆，而用梁在空中架起一个小空间的，如图7-7所示。由于底面没有支撑结构，因而可以保持视觉空间的通透完整，并且底层空间的利用也更自由、灵活。

图7-7　悬浮空间

7.1.6　虚拟空间

　　虚拟空间的范围没有十分完备的隔离形态，也缺乏较强的限定度，是只靠部分形体的启示，依靠联想和"视觉完形性"来划定的空间，所以又称"心理空间"，如图7-8所示。这是一种可以简化装修而获得理想空间感的空间，它往往处于母空间中，与母空间流通而又具有一定独立性和领域感。虚拟空间可以借助各种隔断、家具、陈设、绿化、水体、照明、色彩、材质、结构构件及改变标高等因素形成，这些因素往往也会形成重点装饰。

图7-8 虚拟空间

7.1.7 共享空间

共享空间的产生是为了适应各种频繁的社会交往和丰富多彩的旅游生活的需要。它往往处于大型公共建筑内的公共活动中心，含有多种多样的空间要素和设施，使人们在精神上和物质上都有较大的挑选性，是综合性、多用途的灵活空间。

它的空间处理是小中有大、大中有小，外中有内、内中有外，相互穿插交错，极富流动性。共享空间尤其是倾向把室外空间特征引入室内，使大厅呈现花木繁茂、流水潺潺的自然景象，是充满动态的自然和谐的空间，如图7-9所示。

图7-9 共享空间

7.1.8　母子空间

　　母子空间是对空间的二次限定，是在原空间即母空间中，用实体性或象征性手法再限定出的小空间即子空间，如图7-10所示。这种类似我国传统建筑中的"楼中楼""屋中屋"的做法，既能满足功能要求，又丰富了空间层次。

图7-10　母子空间

7.1.9　不定空间

　　由于人的意识与行为有时存在模棱两可的现象，"是"与"不是"的界限不完全是以"两极"的形式出现，于是反映在空间中，就出现一种超越绝对界限的、具有多种功能含意的、充满了复杂与矛盾的中性空间，或称"不定空间"。这些矛盾主要表现在围透之间；公共活动与个人活动之间；自然与人工之间；室内与室外之间；形状的交错叠盖、增加和削减之间；可测与变幻莫测之间；正常与反常之间；实际存在的限定与模糊边界感之间等。如图7-11所示为不定空间。

7.1.10　交错空间

　　现代的室内空间设计，已不满足于封闭规整的六面体和简单的层次划分，在水平方向往往采用垂直围护面的交错配置，形成空间在水平方向的穿插交错、左右逢源；在垂直方向则打破了上下对位，而创造上下交错覆盖、俯仰相望的生动场景。特别是交通面积的相互穿插交错，类似城市中的立体交通，如图7-12所示，在大的公共空间中，还可便于组织和疏散人流。

图7-11　不定空间

图7-12　交错空间

在交错空间中，往往也形成不同空间之间的交融渗透，因而在一定程度上也带有流动空间与不定空间的特点。

7.1.11　凹入空间

凹入空间(见图7-13)是在室内某一墙面或角落局部凹入的空间。通常只有一面或两面开敞，所以受干扰较少，其领域感与私密性随凹入的深度而加强。根据凹入的深浅，可作为休憩、交谈、进餐、睡眠等用途的空间。在饭店等公共场合，凹入空间可布置雅座、服务台等。是否设置凹入空间要视母空间的墙面结构及周围环境而定，不要勉强为之。

图7-13　凹入空间

7.1.12　外凸空间

如果凹入空间的垂直围护面是外墙，并且开较大的窗洞，便是外凸式空间了。这种空间是室内凸向室外的部分，可与室外空间很好地融合，视野非常开阔。

如图7-14所示，当外凸空间为玻璃顶盖时，就又具有日光室的功能了。这种空间对室内外都可丰富空间造型，增加很多趣味。

图7-14　外凸空间

7.1.13 下沉空间

室内地面局部下沉，可限定出一个范围比较明确的空间，称为下沉空间，如图7-15所示。这种空间的底面标高较周围低，有较强的围护感，性格是内向的。处于下沉空间中，视点降低，环顾四周，新鲜有趣。下沉的深度和阶数，要根据环境条件和使用要求而定。为了加强围护感、充分利用空间、提供导向和美化环境，在高差边界处可布置座位、柜架、绿化、围栏、陈设等。在层间楼板层，受到结构的限制，下沉空间往往是靠抬高周围的地面来实现。

图7-15　下沉空间

7.1.14 地台空间

室内地面局部抬高，抬高面的边缘划分出的空间称为地台空间。由于地面抬高，为众目所向，其性格是外向的，具有收纳性和展示性。处于地台上的人们，有一种居高临下的优越感，视野开阔、趣味盎然。如图7-16所示，直接把台面当座席、床位，或在台上陈物，台下贮藏并安置各种设备，这是把家具、设备与地面结合，充分利用空间，创造新颖空间效果的好办法。

图7-16　地台空间

7.1.15 迷幻空间

迷幻空间的特色是追求神秘、幽深、新奇、动荡、光怪陆离、变幻莫测的、超现实的戏剧般的空间效果。

迷幻空间的家具和陈设奇形怪状，以形式为主，照明讲究五光十色、跳跃变幻，追求怪诞的光影效果，在色彩上则突出浓艳娇媚，线型讲究动势，图案注重抽象，装饰陈设品不是追求粗野狂放，就是表现现代工艺造成的奇光异彩和特殊肌理。如图7-17所示，为了在有限的空间内创造无限的、古怪的空间感，利用不同角度的镜面玻璃的折射，使空间感更加迷幻。

图7-17　迷幻空间

7.2 室内空间的分隔方式

一个运用地面、墙面和顶棚而构成的空间，是一次限定空间，它组成了室内空间的骨架，但还需经过必要的二次组织、分隔，才能充实空间的内涵，丰富空间层次，更好地满足使用功能和精神功能的要求。常见的室内空间的分隔方式主要有绝对分隔、局部分隔、象征性分隔、弹性分隔四种。

PPT讲解

7.2.1 绝对分隔

用承重墙、到顶的轻体隔墙等限定度(隔离视线、声音、温湿度等的程度)高的实体界面分隔空间，称为绝对分隔。

绝对分隔的空间有非常明确的界限，是封闭的。隔音良好、视线完全阻隔或具有灵活控制视线遮挡的性能，是这种分隔方式的重要特征，因而与周围环境的流动性很差，但可以保证安静、私密和有全面抗干扰的能力。

7.2.2　局部分隔

用屏风、翼墙、较高的家具或不到顶的隔墙划分空间，称为局部分隔。局部分隔限定程度的高低与分隔体的大小、形态、材质有关，其特点是视线上受干扰小，但声音和空间均是流动的。常用的局部分隔又分为以下四种形式。

1. "一"字形垂直分隔

如图7-18所示，用"一"字形垂直面将空间一分为二，成为两个相隔离而又有联系的使用空间，增加了空间的层次感。

图7-18　"一"字形垂直分隔

2. "L"形垂直面分隔

图7-19所示空间是由两个相互垂直的面相交而形成的，这个空间的"L"形转角沿对角线向外划定一个空间的范围，构成一个特殊的半围合空间。"L"形界面是静态的，可独立于空间中。因为它的前端是开敞的，所以是一种较灵活的空间限定元素。如图7-19所示，通过多个"L"形界面的不同组合，可限定出富有变化的多种空间形式。

3. 平行垂直面分隔

如图7-20所示，将一个空间用一组相互平行的垂直面进行分隔，以限定它们之间的空间范围。相对而言，这种分隔的空间是外向性的，流通性好。

图7-19 "L"形垂直面分隔

图7-20 平行垂直面分隔

4."U"形垂直面分隔

如图7-21所示,将空间用"U"形垂直面分隔,其限定的空间范围中有一个内向焦点,具有向心感和较强的封闭性能。实际应用中,利用家具和低矮的隔断形成"U"形分隔,既能满足私密性的要求,又保持了较好的空间流动性。

图7-21　"U"形垂直面分隔

7.2.3　象征性分隔

　　用片断、低矮的饰面、家具、绿化、水体、悬垂物以及色彩、材质、光线、高差、音响、气味等元素，或是建筑中的柱列、花格、构架、玻璃等通透隔断来分隔空间，这种或有或无的分隔称为象征性分隔。

　　如图7-22所示，这种分隔方式对空间的限定程度较低，空间界面模糊，具有象征性分隔的心理作用。在空间分割上是隔而不断，似隔非隔，层次感丰富，意境深远。

图7-22　象征性分隔

7.2.4　弹性分隔

　　利用拼装式、直滑式、折叠式、升降式等活动隔断或珠帘、家具、陈设等分隔空间，可以根据使用要求而随时启闭或移动，空间也就随之或分或合，或大或小。这种分隔方式称为弹性分隔(见图7-23)，这样分隔的空间称为弹性空间或灵活空间。弹性分隔的特点是灵活性大，经济实用，随意而变。

图7-23　弹性分隔

 知识拓展

旋转空间分隔

项目名称：Rotating Partitions
设计方：KC Design Studio
位置：中国台湾台北

设计师对一间普通的公寓进行了翻新，他们利用可旋转的空间分隔结构将公寓的实用性最大限度地发挥出来，使四间房间融为一个开放式布局的整体，如图7-24至图7-28所示。首先，第一个旋转屏障同时也是电视柜，将客厅和厨房连接或分隔开来；其次，卧室和书房之间是一个造型优雅的书架。所有的分隔结构棱角分明，给人带来独特的感官享受。这些分隔结构赋予公寓灵活多变的空间样貌和功能，体现了极简抽象派的艺术风格和原创性。房间色调以黑白两色为主，使公寓气氛优雅。

图7-24　平面布局

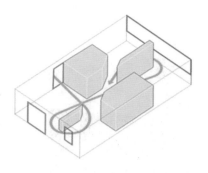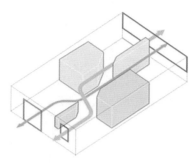

图7-25　空间分隔

图7-26　客厅区域

图7-27　功能墙区域

图7-28　餐厅区域

本章小结

　　室内空间要采取什么分隔方式，既要根据空间的特点和功能使用要求，又要考虑到空间的艺术特点和人的心理需求。空间各组成部分之间的关系主要是通过分隔的方式来体现的，空间的分隔是对空间的限定和再限定。

思考题

　　(1) 室内空间的类型有哪些?
　　(2) 简要介绍一下室内空间的分隔方式。

课堂实训

　　实训课题：针对同一室内空间用不同的分隔方式进行设计
　　内容：通过对室内空间的分隔方式的学习，针对同一空间设定不同的使用功能并进行分隔设计。
　　要求：设计要符合使用功能和精神功能的要求，分别画出设计效果图。

第8章

室内环境的色彩

学习要点及目标

- 掌握室内色彩设计的方法。
- 了解色彩搭配在室内设计中的应用。

本章导读

色彩是室内装饰设计中最重要的因素之一，既有审美作用，又有表现和调节室内空间与气氛的作用，它能通过人们的感知、印象产生相应的心理影响和生理影响。室内色彩运用得是否恰当，能左右人们的情绪，并在一定程度上影响人们的行为活动，因此色彩的完美设计可以更有效地发挥设计空间的使用功能，提高工作和学习的效率。

8.1 室内色彩设计的方法

色彩是室内设计中最重要的因素之一，既有审美作用，又有表现和调节室内空间与气氛的作用，冰雪的白色会让人感觉到冷，太阳的红色使人感到温暖，海水的蓝色使人感到清爽，绿色的草原会让人心旷神怡。室内设计应重视色彩所引起的联想和产生的感情效果，使其可以在室内环境中得到合理利用。

PPT讲解

如果运用不当，就会成为一个极其不稳定的因素，破坏整个氛围，甚至造成不适。室内色彩设计的根本问题是配色问题，这是室内色彩效果优劣的关键。孤立的颜色无所谓美或不美，任何颜色都没有高低贵贱的区分，只有不恰当的配色，没有不可以使用的颜色。

8.1.1 色彩设计的基本要求

在进行室内色彩设计时，首先应对以下问题进行了解和掌握。

1. 空间的使用目的

因为使用目的不同，对色彩设计、性格的体现、气氛的形成方面的要求也各不相同，如会议室、客厅、病房。

2. 空间的大小、形式

色彩可以按不同空间大小、形式来进一步强调或削弱。

3. 空间的方位

不同方位在自然光线作用下的色彩是不同的，冷暖感也有差别，因此，可利用色彩来进行调整。

4. 使用空间的人的类别

老人或小孩，男人或女人，对色彩的要求有很大的区别，色彩应适合居住者的爱好，符合居住者的身份。

5. 使用者在空间内的活动及使用时间的长短

学习的教室、工业生产车间、休息的起居室，不同的活动与工作内容，要求不同的视线条件，才能提高效率、安全和达到舒适的目的。长时间使用的房间的色彩对视觉的作用，应比短时间使用的房间强得多。色彩的色相、彩度对比等的考虑也存在着差别，对长时间活动的空间，主要应考虑不产生视觉疲劳。

6. 该空间所处的周围情况

色彩和环境有密切联系，尤其在室内，色彩的反射可以影响其他颜色。同时，不同的环境，通过室外的自然景物也能反射到室内来，因此色彩还应与周围环境协调一致。

7. 居住者对于色彩的偏爱

一般来说，在符合原则的前提下，应该尽量满足不同居住者的爱好和个性，才能符合使用者心理和精神要求。

8.1.2　色彩配置的原理

统一地组织各种色彩的色相、明度和纯度的过程就是配色的过程。良好的室内环境色调，总是根据一定的秩序来组织各种色彩的结果。这些秩序有同一性原则、连续性原则和对比原则。

1. 同一性原则

根据同一性原则进行配色，就是使组成色调的各种颜色或具有相同的色相，或具有相同的纯度，或具有相同的明度。在实际工作中，以相同的色彩来组织室内环境色调的方法用得较多。图8-1所示为相同色调空间环境。

2. 连续性原则

色彩的明度、纯度或色相依照光谱的顺序形成连续的变化关系，根据这种变化关系选配室内的色彩，即是连续的配色方法。采用这种方法，可达到在统一中求得变化的目的。但是实际运用中须谨慎行事，否则易陷于混乱而不可收拾。图8-2所示为连续色调空间环境。

3. 对比原则

为了突出重点或为了打破沉郁的气氛，可以在室内空间的局部上运用与整体色调相对比的颜色。在实际运用中，突出色彩在明度上的对比易于获得更好的效果。图8-3所示为对比色调空间环境。

在选配室内色彩的过程中，上述的三个原则构成了三个步骤。同一性原则是配色设计的起点，根据这一原则，确定室内环境色调的基本色相、纯度和明度。连续性原则贯穿于室内设计的推敲过程中，确定几种主要颜色的对应关系。对比原则体现为室内配色设计的点睛之笔，以赋予室内环境色调一定的生气。

图8-1　相同色调空间环境

图8-2　连续色调空间环境

图8-3　对比色调空间环境

8.1.3　配色规律

1. 图形与背景

不同的颜色给人以不同强度的视觉刺激。随机地布置许多色块，其中给人以较强视觉刺激的色块更能抓住人的注意力，从而成为图像的中心，其他色块则成为这个图形的背景。根据这一规律，在配色设计中我们应当注意，图形的颜色应比背景的颜色更明亮更鲜艳，而且明亮鲜艳的颜色面积相对要小。

2. 整体色调

整体色调决定了色彩环境的气氛。整体色调取决于各种颜色的色相、明度、纯度及色彩面积的比例。在配色设计中，首先要确定大面积的色彩，然后根据所采用的配色方法来确定其他颜色。一般来说，偏暖的整体色调产生温暖的感觉；偏冷的整体的色调则产生清雅的感觉；整体色调的纯度较高会给人以较强的刺激；整体色调的明度较高会使人感到轻松；多种色彩的组合则会热闹非凡。

3. 配色平衡

颜色在感觉上有强弱和轻重之分，由此产生了配色平衡的问题。为获得配色平衡，应遵循以下规律。

(1) 用更强烈的色调施与较小的面积上。

(2) 在小面积上选择与整体色调相对比的颜色。

(3) 注意极小面积上的用色。

(4) 注意不可破坏整体色调的平衡。

8.2 色彩在室内环境设计中的应用

色彩是最为生动、最为活跃的因素。不同的色彩会给人不同的刺激，不同的国家、民族对色彩的反应与态度也各不相同。室内色彩的搭配是设计的关键所在。孤立的颜色是无所谓美与丑的，任何色彩都没有高低贵贱之分，只有搭配得合适与否。

PPT讲解

8.2.1 利用色彩调整室内空间

室内设计是满足人们的精神生活和物质生活要求，从而对人的生产环境、生活学习环境、工作环境进行物质和精神上的改造，达到使用功能的必需条件和视觉环境的美好享受。

1. 色彩具有进退感

明度低或纯度高的冷色有后退感，而明度高或纯度高的暖色有扩张感、前进感，利用色彩的这种视错觉效应，可以调整空间的缺憾。如果空间过于开阔和松散，可以采用具有前进性、扩张感的暖色调来处理墙面，使空间获得紧凑亲切的效果。如果空间过于狭窄，或者想使空间更加开阔时，可采用冷色调来处理墙面，使空间取得较为宽阔的效果。当我们在会议厅大面积使用一些冷色时，那么我们待在里面，就会觉得温度略微下降2至3度，这就是利用了"冷调降温"视错觉原理的一种方法。

2. 色彩具有轻重感

明度低的色彩感觉重，明度高的色彩感觉轻。利用这个原理，如空间过高时，天花板可采用略重的下沉性色彩，地板可以采用较轻的上浮性色彩，使高度感得到适当的调整，如图8-4所示。如空间较矮，或希望有宽广感时，天花板则必须采用较轻的上浮性色彩，地板则必须采用较重的下沉性色彩，使空间产生较高的空间感，如图8-5所示。

室内色彩设计切忌使用五颜六色的渲染，色彩未经统一规划而各行其道，势必会导致室内色彩的紊乱、错综，与设计的初衷南辕北辙。在进行室内设计时，首先应确定室内色彩的主色调，然后确定使用同一色系、对比色系还是互补色系的色调。只有在主色调确定以后，才能根据色系的不同来确定相应的辅助色调。主色调一般不宜采用大面积的鲜艳的颜色，辅助色调则可根据实际情况大胆选用小面积的较高明度或纯度的色彩，便可以起到画龙点睛的效果。其次，室内色彩的均衡感也很重要。色彩的明暗和面积最能影响整体色彩的均衡感，一般来说，明度高的色彩在上、明度低的色彩在下容易获得色彩均衡。比如，天花板的颜色要比地板的颜色浅，否则容易产生压迫感。另外，在设计时可以考虑背景色比主体色浅；彩度高、暖色的面积应小于彩度低、冷色的面积等。总之，整体空间的色彩应该是上轻下重、淡妆浓饰，统一中有对比，和谐中有律动，稳重中又不乏变化。

图8-4 上重下轻空间环境

图8-5 上轻下重空间环境

8.2.2 利用色彩调节室内光线

从空间自然采光的角度来说，如果自然光线不理想，可应用色彩给予适当的调节。靠北面的房间，常有阴暗沉闷之感，可采用明朗的暖色，使室内光线转趋明快。南面房子的光线明亮，可采用中性色或冷色。东面房间有上下午光线的强烈变化，可以采用在迎光面涂刷明度较低的冷色，而在背光面的墙上涂刷明度较高的冷色或中性色。西面房间光线的变化更强烈，而光线的温度高，所以西面房间的迎光面应涂刷明度更低些的冷色，并且整个空间宜采用冷色调。如果办公空间处在高层建筑的上部，由于各个方面的光线都强，应采用明度较低的冷色。

不同的颜色具备不同的反射率，因此，室内环境中的色彩对于调节光线具有很大的作用。理论上，白色的反射率为100%，黑色的反射率为零。实际上，白色的反射率常在70%～90%之间，灰色的反射率常在10%～70%，而黑色则为10%以下。色彩的反射率主要取决于色彩明度的高低，彩度和色相对调节室内光线的作用非常小，因此，在运用色彩调节室内光线时首先应注意颜色的明度，其次才是其他方面的因素。高明度的颜色反射率低，能减弱室内亮度。所以，室内光线过强时，可选用反射率低的色彩，如各种灰色系列的颜色；当室内光线不足时，可选用反射率高的高明度色彩。

在实际应用中，应注意配合建筑朝向不同所带来的不同光线特征。通常，朝南的房间特征是东西向的房间光照较强，可选用中性色或冷色调的颜色加以调节；朝北的房间，尽管光线较为持久稳定，但显得偏沉闷冷暗，常使用高明度暖色系列的色彩以改善室内的光线和气氛；背光的房间则宜采用高反射率的色彩。

8.2.3　色彩搭配在室内设计中的具体运用

据研究颜色和人类情绪关系的专家考证，进行室内设计时如能选择适合的"愉悦"的色彩，会有助于松弛紧张的神经，使人觉得放松舒适。不同颜色对人的情绪和心理的影响有差别，如暖色系列：红、黄、橙色能使人心情舒畅，产生兴奋感；而青、灰、绿色等冷色系列则使人感到清静，甚至有点忧郁。白、黑色是视觉的两个极点，研究证实黑色会分散人的注意力，使人产生郁闷、乏味的感觉。长期生活在这样的环境中人的瞳孔极度放大，感觉麻木，久而久之，对人的健康、寿命产生不利的影响。把房间都布置成白色，有素洁感，但白色的对比度太强，易刺激瞳孔收缩，诱发头痛等病症。

不同的房间功能不同，颜色也不尽相同，即使是相同功能的房间，有时也会因居住者喜好或习惯的不同而有差异，下面根据房间的不同使用功能具体讨论。

客厅：浅玫瑰红或浅紫红色调，再加上少许土耳其玉蓝的点缀是最"愉悦"的客厅颜色，会让人一进入客厅就感到温和舒服。

餐厅：以接近土地的颜色，如棕、棕黄或杏色，以及浅珊瑚红接近肉色为最适合，灰、芥末黄、紫或青绿色常会使人感觉不适，应尽量避免。

厨房：鲜艳的黄、红、蓝及绿色都是"愉悦"的厨房颜色，而厨房的颜色越多，家庭主妇便会觉得时间越容易打发。

卧室：浅绿色或浅桃红色会使人产生春天的温暖感觉，适用于较寒冷的环境。浅蓝色则令人联想到海洋，使人镇静，身心舒畅。

卫生间：浅粉红色或近似肉色令人放松，觉得愉快。但应注意不要选择绿色，以避免从墙上反射的光线，会使人照镜子时觉得自己面如菜色而心情不愉快。

书房：棕色、金色、紫绛色或天然木本色，都会给人温和舒服的感觉，加上少许绿色点缀，会觉得更放松的。

居室颜色对人的情绪影响也是相对的，具体运用中还应结合家庭成员的习惯，而不必强求一律。总之，室内设计的色彩应用应是在满足功能的前提下，综合考虑各种室内物体的形、色、光、质的有机组合，使得这个组合成为一个非常和谐统一的整体，充分发挥自己的优势，共同创造一个高舒适、高实用性、高精神境界的室内环境。

 知识拓展

芬兰彩绘故事风公寓

这间公寓用了大量的色彩，让空间看起来更活泼更丰富，如图8-6至图8-8所示。而其中为了不让各个颜色太凌乱失控，运用了彩度较低的白色及浅色木质家具去调和，众多颜色不但不互相冲撞，反而为各个空间加分了不少。如果你担心配色太困难，小技巧就是，颜色深浅搭配或是彩度高低搭配，这样就不会有太大问题。

图8-6　空间色彩搭配

图8-7　厨房、餐厅颜色搭配

图8-8　置物结构颜色搭配

　　现代社会中，人们的工作频率快、生活压力大，多数的时间都是在室内度过，室内已成了人们生活、工作的主要场所。因此，人们越来越重视室内环境的气氛和品位。色彩是烘托室内环境气氛的重要构成元素，室内环境中色彩的使用不和谐会使人心情浮躁，无法安心工作或生活；而色彩和谐的室内环境会让人工作起来精力充沛，生活起来心情舒畅。

　　(1) 色彩设计的基本要求有哪些？
　　(2) 色彩配置的原理是什么？

　　实训课题：欣赏学习室内色彩设计案例
　　内容：通过对国内外优秀案例的学习，加深对室内环境色彩的理解并学习室内色彩搭配技巧。
　　要求：用心学习总结并写出报告，报告中要体现各种色彩所表达的不同心理感受并总结所学习案例中的经典色彩搭配，图文并茂，不少于2000字。

第9章

室内环境的照明设计

学习要点及目标

- 掌握室内照明的基本要求。
- 了解灯具的种类和选择。

本章导读

在现代社会中，人们离不开各种室内环境，提高室内空间环境的技术性与艺术性，是衡量现代生活质量的重要标志。光环境的设计实际是要形成一个良好的，使人舒适的，满足人们的心理、生理需求的照明环境。它是影响人类行为的最直接因素。作为保证人类日常活动得以正常进行的另一个基本条件，光环境的优劣也是评价室内环境质量的重要指标。

9.1　室内照明的基本要求

对照明的要求，主要由照明环境内所从事的活动决定，最重要的是根据视觉工作的性质使工作面上获得良好的视觉条件。一个良好的照明设计应做到保证照明质量，节约能源，经济合理，安全可靠且便于管理和维护。

PPT讲解

光和室内空间有着非常密切的关系，在室内空间中通过设计光量的多少、光强的明暗等技法可使室内光环境出现种种变化，从而引发出相应的环境视觉效果。在室内空间中光环境创造出的这些效果要受时间的影响。另外，受饰面材料的影响，当材料表面粗糙时，它会吸收光，光环境显得灰暗，室内空间显得缩小；当材料表面光滑时，它会反射光，光环境显得明亮，室内空间显得扩大。另外，从主观方面考虑，室内空间和光环境还要受人们视觉状态的影响，通常人们的视线不断地变化，眼睛看到的室内空间和光环境也相应地变化，因此，由不同的光环境创造出的视觉效果不会相同。

9.1.1　自然采光

通常将室内对自然光的利用称为"采光"。自然采光，可以节约能源，并且在视觉上更为习惯和舒适，心理上更能与自然接近、协调。

随着现代技术的进步和新材料的不断出现，使用自然采光的方法与手段也日益丰富。在创造室内光环境效果的工作中，应力求光与构件充分地结合，使空间的层次得到有力的表现，室内环境的结构与形式得到清楚的表达，提供给人以积极的信息，削减消极的信息。运用层次、对比、扬抑、节奏等技法对光进行构图，力求赋予光以均衡、稳定的秩序，达到室内环境的美观与视觉舒适性。但是不当的处理有可能导致光环境的呆板、乏味，破坏室内空间；或者导致光环境杂乱与无序，破坏室内空间的统一与协调，这就要求在进行光环境的设计时把握一定的规律与技法。

根据光的来源方向以及采光口所处的位置，自然采光可分为侧面采光和顶部采光两种形式。侧面采光有单侧、双侧及多侧之分，而根据采光口高度的不同，可分为高、中、低侧光。侧面采光可选择良好的朝向和室外景观，光线具有明显的方向性，有利于形成阴影。但侧面采光只能保证有限进深的采光要求即一般不超过窗高两倍，更深处则需要人工照明来补充。一般采光口置于1 m左右的高度，有的场合为了利用更多墙面(如展厅为了争取多展览面积)或为了提高房间深处的照度(如大型厂房等)，将采光口提高到2 m以上，称为高侧窗。除特殊原因，如房屋进深太大、空间太广外，一般多采用侧面采光的形式。图9-1所示为侧面采光案例。顶部采光是自然采光利用的基本形式，光线自上而下，照度分布均匀，光色较自然，亮度高，效果好。但上部有障碍物时，照度会急剧下降，且由于垂直光源是直射光，容易产生眩光，不具有侧向采光的优点，故常用于大型车间、厂房等。图9-2所示为顶部采光案例。

图9-1 侧面采光

图9-2 顶部采光

9.1.2 人工照明

人工照明也就是"灯光照明"或"室内照明"，它是夜间的主要光源，同时又是白天室内光线不足时的重要补充。

人工照明环境具有功能和装饰两方面的作用。从功能上讲，建筑物内部的天然采光要受到时间和场合的限制，所以需要通过人工照明补充，在室内造成一个人为的光亮环境，以满足人们视觉工作的需要；从装饰角度讲，除了满足照明功能之外，还要满足美观和艺术上的要求，这两方面是相辅相成的。根据建筑功能不同，两者的比重各不相同，如工厂、学校等工作场所需从功能方面来考虑，而在休息、娱乐场所，则强调艺术效果。人工照明不仅可以构成空间，还能起到改变空间、美化空间的作用。它直接影响物体的视觉大小、形状、质感和色彩，以至直接影响到环境的艺术效果。

在进行室内照明的组织设计时，必须考虑以下几方面的因素。

1. 光照环境质量因素

合理控制光照度，使工作面照度达到规定的要求，避免光线过强和照度不足两个极端。

2. 安全因素

在技术上给予充分考虑，避免发生触电和火灾事故，这一点特别是在公共娱乐性场所尤为重要。因此，必须设置标志明显的疏散通道。

3. 室内心理因素

灯具的布置、颜色等与室内装修相互协调，室内空间布局、家具陈设与照明系统相互融合，同时考虑照明效果对视觉工作者造成的心理反应以及在构图、色彩、空间感、明暗、动静以及方向性等方面是否达到视觉上的满意、舒适和愉悦。

4. 经济管理因素

考虑照明系统的投资和运行费用，以及是否符合照明节能的要求和规定，考虑设备系统管理维护的便利性，以保证照明系统正常高效运行。

室内光环境是在原有建筑环境基础上，运用灯光艺术语言及照明技巧描绘和刻画的特定环境。对灯光艺术语言和照明技巧的运用，要充分考虑和兼顾居住者的年龄、性格、职业等因素，要与建筑室内的装饰风格相协调，以满足人们对居住环境质量的要求日益增长的需要。

9.1.3 人工照明的类型

1. 整体照明

整体照明(见图9-3)的特点是大多采用镶嵌于天棚上的固定照明，这种照明形式使光全部直接作用于工作面上，光的工作效率很高。

图9-3 整体照明

2. 局部照明

局部照明(见图9-4)也称重点照明、补充照明。为了节约能源，在工作需要的地方才设置光源，并且还可以提供开关和灯光减弱装备，使照明水平能适应不同变化的需要。

图9-4　局部照明

3. 装饰照明

装饰照明(见图9-5)的主要照明方式为射灯和泛光灯等形式，它可以强调所照射的物体或结构的形态及立体感。其目的是打破单一背景照明的呆板的感觉，丰富空间层次，使材料的质感更加突出。

图9-5　装饰照明

PPT讲解

　　如何使人体处在舒适的光源中，才是选择灯具的首要考虑。如果整个环境亮得不恰当，光就失去了亮的意义。适当的灯光不只是照明，还可以增加生活的舒适度。比如，理想的灯具设计不会清楚地看见灯泡，当然也不会多看一会儿就头晕目眩、眼睛疲劳，它的光线柔和而明亮，视觉舒适。因此，选择灯光比选择灯具外形更重要。

　　设计室内灯光时，最先考虑的是光对人的影响，光所透过的材质造成的稳定程度会影响视觉舒适度、肤色显现。灯光的色温要有一定的限制，好的设计还会考虑反射色温。反射色温包括地板和墙壁颜色与光一同形成的光环境，还有光是否会对眼睛造成疲劳等。

9.2.1　灯具的种类和特点

1. 吊灯

　　吊灯(见图9-6)的花样最多，常用的有欧式烛台吊灯、中式吊灯、水晶吊灯、羊皮纸吊灯、时尚吊灯、锥形罩花灯、尖扁罩花灯、束腰罩花灯、五叉圆球吊灯、玉兰罩花灯、橄榄吊灯等。用于居室的吊灯可分为单头吊灯和多头吊灯两种。

图9-6　吊灯

2. 吸顶灯

　　吸顶灯常用的有方罩吸顶灯、圆球吸顶灯、尖扁圆吸顶灯、半圆球吸顶灯、半扁球吸顶灯、小长方罩吸顶灯等。吸顶灯(见图9-7)，适合于客厅、卧室、厨房、卫生间等处的照明，可直接装在天花板上，安装简易，款式简单大方，赋予空间清朗明快的感觉。

图9-7　吸顶灯

3. 落地灯

落地灯(见图9-8)常用作局部照明，不讲全面性，而强调移动的便利，对于角落气氛的营造十分实用。落地灯的采光方式若是直接向下投射，适合阅读等需要精神集中的活动，若是间接照明，可以调整整体的光线变化。落地灯的灯罩下边应离地面1.8米以上。

图9-8　落地灯

4. 壁灯

壁灯(见图9-9)适合于卧室、卫生间照明,常用的有双头玉兰壁灯、双头橄榄壁灯、双头鼓形壁灯、双头花边杯壁灯、玉柱壁灯、镜前壁灯等。壁灯的安装高度,其灯泡应离地面不小于1.8 m。

5. 台灯

台灯(见图9-10)按材质分陶灯、木灯、铁艺灯、铜灯等,按功能分护眼台灯、装饰台灯、工作台灯等,按光源分灯泡、插拔灯管、灯珠台灯等。一般客厅、卧室等用装饰台灯,工作台、学习台用节能护眼台灯,但节能灯不能调光。

图9-9 壁灯　　　　　　　　　　　　　　图9-10 台灯

6. 筒灯

筒灯(见图9-11)一般装设在卧室、客厅、卫生间的周边天棚上。这种嵌装于天花板内部的隐性灯具,所有光线都向下投射,属于直接配光。可以用不同的反射器、镜片、百叶窗、灯泡来取得不同的光线效果。筒灯不占据空间,可增加空间的柔和气氛,如果想营造温馨的感觉,可试着装设多盏筒灯,减轻空间压迫感。

7. 射灯

射灯(见图9-12)可安置在吊顶四周或家具上部,也可置于墙内、墙裙或踢脚线里。光线直接照射在需要强调的家具器物上,以突出主观审美作用,达到重点突出、环境独特、层次丰富、气氛浓郁、缤纷多彩的艺术效果。射灯光线柔和,雍容华贵,既可对整体照明起主导作用,又可局部采光,烘托气氛。

图9-11　筒灯

图9-12　射灯

9.2.2　灯具的搭配

灯光布置忌"混乱和复杂"，射灯、筒灯、花灯、吊灯、壁灯全用，且光源五颜六色，会让人眼花。好的室内光环境的营造需要良好的策划，并且灯具要正确定位，照明以人为本。

1. 门厅

门厅是进入室内给人最初印象的地方，灯光要明亮，灯具的位置要安置在进门处和深入室内空间的交界处，如图9-13所示。在柜上或墙上设灯，会使门厅内有宽阔感。吸顶灯搭配壁灯或射灯，优雅和谐。而感应式的灯具系统，可解决回家摸黑入内的不便。

图9-13　门厅照明位置

2. 走廊

走廊内的照明应安置在房间的出入口、壁橱处，特别是楼梯起步和转变的地方，如图9-14所示。楼梯照明要明亮，避免危险。走廊需要充足的光线，可使用带有调光装置的灯具，以便随时调整灯光强弱。紧急照明的设备也不可缺，以防停电时的不时之需。

3. 客厅

客厅，又名起居室，是人们主要的活动场所。客厅的功能较一般房间复杂，活动内容也丰富。为此，它的照明设计也应该灵活多变。客厅灯具的风格是主人品位与风格的一个重要表现，因此，客厅的照明灯具应与其他家具相协调，以营造良好的会客环境和家居气氛，如图9-15所示。如果客厅较大，而且层高在3 m以上，宜选择大一些的多头吊灯。吊灯因明亮的照明、引人注目的款式，对客厅的整体风格产生很大的影响。高度较低、面积较小的客厅，应该选择吸顶灯，因为光源距地面2.3 m左右照明效果最好，如果房间层高只有2.5 m左右，灯具本身的高度就应该在20 cm左右，厚度小的吸顶灯可以达到良好的整体照明效果。射灯能营造独特的环境，可安置在吊灯四周或家具上部，让光线直接照射在需要强调的物品上，达到重点突出、层次丰富的艺术效果。

图9-14 走廊照明位置　　　　　　　　　　图9-15 客厅照明位置

4. 卧室

卧室，卧室照明也要求有较大的弹性，尤其是在目前一部分卧室兼作书房的情况下，更应有针对性地进行局部照明，如图9-16所示。睡眠时室内光线要低柔，可以选用床边脚灯；穿衣时，要求匀质光，光源要从衣镜和人的前方上部照射，避免产生逆光；化妆时，灯光要均匀照射，不要从正前方照射脸部，最好两侧也有辅助灯光。

图9-16 卧室照明位置

5. 书房

书房中除了布置台灯外还要设置一般照明，以减少室内亮度对比，避免疲劳。如图9-17所示，书房照明主要满足阅读、写作之用，要考虑灯光的功能性，款式简单大方即可，光线要柔和明亮，避免眩光。

图9-17　书房照明位置

6. 厨房

厨房中的灯具必须有足够的亮度，以满足烹饪者随心所欲地操作时的需要。厨房除需安装有散射光的防油烟吸顶灯外，还应按照灶台的布置，根据实际需要安装壁灯或照顾工作台面的灯具。安装灯具的位置应尽可能地远离灶台，避开蒸汽和油烟，并要使用安全插座。灯具的造型应尽可能地简单，以方便擦拭。

在开放式厨房中由于厨房与餐厅连在一起，灯光设置要稍加复杂。一般来说，明亮的灯光能烘托佳肴的诱人色泽，所以餐厅的灯光通常由餐桌正上方的主灯和一两盏辅灯组成。前者安装在天花板上，光源向下；后者则可在灶具上、碗橱里，冰箱旁、酒柜中因需要而设，如图9-18所示。其中，装饰柜、酒柜里的灯光强度，以能够强调柜内的摆设又不影响外部环境为佳。

如果房间的高度和面积够大，可以在餐桌上方装饰吊灯，吊灯的高度一般距桌面为55～60cm，以免遮挡视线或刺眼。也可以设置能升降的吊灯，根据需要调节灯的高度。如果餐桌很长可以考虑用几个小吊灯，分别设置开关，这样就可以根据需要开辟较小或较大的光空间。

7. 餐厅

餐厅的照明主要应该能够起到刺激人的食欲的作用。在空间比较大的餐厅中，应该选择照度较高的灯具；如果空间较小，设计照度应低一些，以营造一种幽雅、亲切的气氛，如

图9-19所示。

图9-18　厨房照明位置

图9-19　餐厅照明位置

8. 卫生间

　　卫生间需要明亮柔和的光线，顶灯应避免接装在浴缸上部。由于室内的湿度较大，灯具应选用防潮型的，以塑料或玻璃材质为佳，灯罩也宜选用密封式，优先考虑一触即亮的光源。可以防水吸顶灯为主灯，射灯为辅灯，也可直接使用多个射灯从不同角度照射，给浴室带来丰富的层次感。

卫生间中一般有洗手台、坐便和淋浴区这三个功能区，在不同的功能区可用不同的灯光布置。洗手台的灯光设计比较多样，但以突出功能性为主，如图9-20所示，在镜子上方及周边可安装射灯或日光灯，方便梳洗和剃须。淋浴房或浴缸处的灯光可设置成两种形式：一种可以用天花板上射灯的光线照射，让主人方便洗浴；另一种则可利用低处照射的光线营造温馨轻松的气氛。浴室的格调可戏剧性地改变，因为灯光的不同照射能创造不同的趣味。

图9-20　卫生间照明

9.2.3　灯具安装位置

照明中光源的位置很重要，但这种位置选得好不好，关键在于你想让光源照亮的对象是什么。

首先是人，人最主要的部分是脸部。从不同角度投射的光线，会使人的脸出现不同的表情效果，如果人站在一只吊灯的正下方，直接向下的照明会使人脸变得冷漠、严肃。如果有一只灯由下而上照到人脸，人脸会变得恐怖。所以在人们频繁聚会的客厅、餐室、沙发群等处不能采用直接向上或向下的照明。如采用侧射直接照明，即让光线从侧上方投射，就会使人脸轮廓线条丰富、明朗；如采用漫射式灯具，让散射光来投射人脸，就会给人以清晰可亲的感觉。

老人居住的房间的照明应以明亮为主，稍亮一些可以驱除孤独感，增加安全感；孩子用的灯具，在造型上尽量选活泼一些的，其亮度可根据实际使用功能来定。看书写字的台灯15瓦左右，不要用荧光灯，因其随交流电源而产生的人眼不能觉察的闪烁会刺激神经。游戏时的灯可亮一些，把整个房间照亮，使室内丰富的色彩更加美丽。到了睡觉时可打开一只专用的3瓦长明灯，既解决了孩子夜晚怕黑的问题，又解决了半夜起床方便的问题。

其次是家具，光源位置视期望效果而定。如果是一套崭新的组合家具，期望突出它的色彩与轮廓，可以采用多光源照明的方式，即可达到家具阴影部分很少的效果。

本章小结

照明设计有两种意义：一种是功能照明，另一种是艺术照明。功能照明主要从功能方面考虑，以满足视觉工作要求为主；艺术照明则以艺术环境观感为主，以满足不同的造型和装饰要求，达到美化环境、协调空间的作用。

室内环境照明设计的任务，就是要根据设计的基本目的，综合运用技术手段和艺术手段与现代科学技术法则和美学法则，充分掌握设计环境对象的各种因素，充分利用有利条件，积极发挥创作思维，创造出一个既符合生产、工作和生活物质功能要求，又符合人们生理、心理要求的室内照明环境。

思考题

(1) 室内照明的基本要求是什么？
(2) 灯具的种类和特点有哪些？

课堂实训

实训课题：针对客厅、卧室、书房分别进行照明设计
内容：灵活掌握所学知识，对不同使用功能的室内空间分别进行照明设计。
要求：分别画出效果图并结合效果图写出设计说明，说明需阐明设计思路、设计原理等内容，有理有据、观点鲜明。

第10章

室内家具与陈设

🖊 **学习要点及目标**

- 了解家具设计的风格和特点。
- 了解常用的室内陈设品及陈设方法。

📑 **本章导读**

家具和陈设与其依赖的环境——建筑一脉相承，并始终伴随着建筑的发展而发展，有什么样式风格的建筑，就有什么样式风格的家具。它们是建筑空间功能表现的重要载体，通过家具与陈设把建筑空间转变为居住、办公等场所，所以家具与陈设是室内环境设计的重要组成部分。

10.1 家具设计风格和特点

家具起源于生活，又服务于生活。随着人类文明的进步和发展，家具的功能、类型、材料、结构等在不断发生着变化。要把握各个历史阶段家具的风格特征，首先必须了解家具发展过程中使之形成风格特征的社会、文化、经济和科学技术等方面的历史原因，从而把握家具发展变化的内涵和规律。下面介绍几种具有代表性的家具风格。

PPT讲解

10.1.1 古罗马家具

古罗马文明的发展晚于西亚各个古代国家和埃及、希腊的文明发展。古罗马在建立和统治庞大国家的过程中，吸收了之前众多古文明的成就，并在此基础上创建了自己的文明。古罗马家具是在古希腊家具文化艺术基础上发展而来的。在罗马共和国时代，上层社会住宅中没有大量设置家具的习惯，因此家具实物不多。从帝政时代开始，上层社会逐渐普及各种家具，并使用一些价格昂贵的材料。由于年代久远，古罗马的木质家具大多已经腐朽损坏。但从18世纪起对庞贝古城和赫库兰尼姆的发掘，为研究古代罗马家具文化艺术提供了非常丰富的资料，它们主要来源于壁画、石刻以及大理石或青铜家具遗物。图10-1所示为古罗马家具。

10.1.2 哥特式风格家具

12世纪初哥特式风格起源于法国北部的教堂建筑，很快风行欧洲，几乎各国的教堂都多少带有哥特式痕迹。哥特式风格家具，多为当时的封建贵族及教会服务，其造型和装饰特征与当时的建筑一样，完全以基督教的政教思想为中心，旨在让人产生腾空向上与上帝同在的幻觉，造型语义上在于推崇神权的至高无上，期望令人产生惊奇和神秘的情感。同时，哥特式风格家具还呈现出庄严、威仪、雄伟、豪华、挺拔向上的气势，其火焰式和繁茂的枝叶雕刻装饰，是兴旺、繁荣和力量的象征，具有深刻的造型寓意性。

14世纪后，哥特式建筑上的装饰纹样开始被应用于家具，框架镶板式结构代替了用厚木板钉接箱柜的老方法，出现了诸如高脚餐具柜和箱形座椅等新的品种。哥特式家具的主要特征在于层次丰富和精巧细致的雕刻装饰，如图10-2所示，最常见的有火焰形饰、尖拱、三叶形饰和四叶形饰等图案。哥特式家具是人类彻底地、自发地对结构美追求的结果，它是一个完整、伟大而又原始的艺术体系。

图10-1　古罗马家具

图10-2　哥特式家具

10.1.3　巴洛克风格家具

经历了文艺复兴运动之后，17世纪的意大利建筑处于复杂的矛盾之中，一批中小型教堂、城市广场和花园别墅设计追求新奇复杂的造型，以曲线、弧面为特点，如华丽的破山墙、涡卷饰、人像柱、深深的石膏线，还有扭曲的旋制件、翻转的雕塑，突出喷泉、水池等动感因素，打破了古典建筑与文艺复兴建筑的"常规"，被称为"巴洛克"式的建筑装饰风格。

巴洛克风格家具指的是具有巴洛克艺术特点的家具，如图10-3所示。巴洛克风格家具最大的特征是以浪漫主义作为造型艺术设计的出发点。它具有热情奔放及丰丽委婉的艺术造型，这种风格将富于表现力的细部相对集中，简化不必要的部分而强调整体结构。在表面装饰上，除了精致的雕刻之外，金箔贴面、描金填彩涂漆以及细腻的薄木拼花装饰亦很盛行，以达到金碧辉煌的艺术效果。巴洛克风格家具主要有法式巴洛克(又称路易十四风格家具)、意式巴洛克等流派。

在路易十四时期即法式巴洛克，人们将椅子的靠背、座位面改为用纺织品包裹，里面填充上柔软的棕、麻、马尾、棉花，使座椅的舒适性得到了很大改善。

图10-3　巴洛克风格家具

　　意大利的巴洛克家具17世纪以后发展到顶峰，家具是由家具师、建筑师、雕刻师手工制作的，如图10-4所示，家具上的壁柱、圆柱、人柱像、贝壳、涡卷形、狮子等高浮雕装饰精雕细琢，是王侯贵族生活中高格调的贵族样式，是家具艺术、建筑艺术和雕刻艺术融合为一体的巴洛克家具艺术，极其华丽。

图10-4　意大利巴洛克家具

10.1.4　洛可可风格家具

　　洛可可风格家具于18世纪30年代逐渐代替了巴洛克风格。由于这种新兴风格成长在法王"路易十五"统治的时代，故又可称为"路易十五风格"。

　　洛可可风格家具的最大成就是在巴洛克家具的基础上进一步将优美的艺术造型与功能的舒适效果巧妙地结合在一起，形成完美的工艺作品，如图10-5所示。其雕刻装饰图案主要有狮、羊、猫爪脚、C形、S形、涡卷形的曲线、花叶边饰、齿边饰、叶蔓与矛形图案、玫瑰花、海豚、旋涡纹等。

特别值得一提的是，洛可可家具的形式和室内陈设、室内墙壁的装饰完全一致，形成一个完整的室内设计的新概念。通常以优美的曲线框架，配以织锦缎，并用珍木贴片、表面镀金装饰，使得这时期的家具不仅在视觉上形成极端华贵的整体感觉，而且在实用和装饰效果的配合上也达到了空前完美的程度。

图10-5 洛可可家具

10.1.5 明代家具风格

明代的家具，不论硬木还是木漆家具，甚至是民间的柴木家具，都呈现出造型简洁、结构合理严谨、线条挺秀舒展、比例适度、纹理优美的特点，如图10-6所示，它以不施过多装饰的那种素雅端庄的自然美而形成独特的风格。

图10-6 明代家具风格

1. 造型

严格的比例关系是家具造型的基础。其局部与局部的比例，装饰与整体的比例，都极为匀称而协调；其腿子、枨子、靠背、搭脑之间，它们的高低、长短、粗细、宽窄，都令人感到无可挑剔的匀称、协调。并且与功能要求极为相符，没有多余的累赘，整体就是线的组合。各部位的线条均呈挺拔秀丽之势，刚柔相济，线条挺而不僵，柔而不弱，表现出质朴典雅、大方之美。

2. 结构

明代家具的榫卯结构，极富科学性。不用钉子少用胶，不受自然条件的潮湿或干燥的影响，既美观，又加强了牢固性。明代家具的结构设计，是科学和艺术的极好结合。时至今日，经过几百年的变迁，家具仍然牢固如初，可见明代家具传统的榫卯结构，有很高的科学性。明代家具常用的榫卯结构有：龙凤榫、楔钉榫、抱肩榫、插肩榫、霸王枨、夹头榫等。

3. 装饰

明代家具的装饰手法，可以说是多种多样，雕、镂、嵌、描，都为所用。装饰用材也很广泛，珐琅、螺甸、竹、牙、玉、石等，样样不拒。但是，决不贪多堆砌，也不曲意雕琢，而是根据整体要求，作恰如其分的局部装饰。

4. 木材

明代家具充分利用木材的自然纹理，发挥硬木材料本身的自然美，这是明代硬木家具的又一突出特点。明代硬木家具用材，多数为黄花梨、紫檀等。这些高级硬木，都具有色调和纹理的自然美。工匠们在制作时，除了精工细作之外，不加漆饰，不作大面积装饰，充分发挥、充分利用木材本身的色调、纹理的特长，形成自己特有的审美趣味，形成自己的独特风格。

10.1.6　清代家具风格

家具制造在清朝中期大放异彩，达到我国古典家具发展的高峰。各地形成不同的地方特色，依其生产地分为苏作、广作、京作。苏作大体继承明式特点，不求过多装饰，重凿和磨工，制作者多扬州艺人；广作讲究雕刻装饰，重雕工，制作者多惠州海丰艺人；京作重蜡工，制作者多冀州艺人。清代乾隆以后的家具，风格大变，在统治阶级的宫廷、府第，家具已成为室内设计的重要组成部分。

清代家具有很多前代们没有的品种和样式，造型更是变化无穷，在形式上还常见仿竹、仿藤、仿青铜，甚至仿假山石的木制家具，也有竹制、藤制、石制的仿木质家具。在选材上，清式家具推崇色泽深、质地密、纹理细的珍贵硬木，以紫檀木为首选。在结构制作上，为保证外观色泽纹理一致，也为了坚固牢靠，往往采取一木连作，而不用小木拼接。注重装饰是清式家具最显著的特征，采用最多的装饰手法是雕饰与镶嵌。雕饰手法借鉴了牙雕、竹雕、漆雕等技巧，刀工细致入微，磨工百般考究；镶嵌手法将不同材料按设计好的图案嵌入器物表面，家具上嵌木、嵌竹、嵌石、嵌瓷、嵌螺钿、嵌珐琅等，花样翻新，千变万化。图10-7所示为清式家具。

图10-7　清式家具

10.1.7　现代家具风格

19世纪中叶，机械加工业的不断发展，新材料、新工艺的不断产生，促使设计师改变旧有的设计模式，寻找适应工业化生产，适应新材料、新工艺的新家具设计风格。现代家具的发展大致可分为以下几个阶段：19世纪后期至第一次世界大战前是现代家具的探索及产生的时期；第一次世界大战至第二次世界大战前是现代家具成熟和进一步发展的时期；第二次世界大战后至20世纪60年代是现代家具高度发展的时期；20世纪70年代至今是科技高度发展、面向未来的多元时期。

现代家具不同风格具有不同的特点，具体内容如下所述。

(1) 现代简约风格：简洁明快、实用大方。因为"极简主义"的生活哲学普遍存在于当今大众流行文化中。

(2) 现代前卫风格：依靠新材料、新技术加上光与影的无穷变化，追求无常规的空间解构、大胆鲜明对比强烈的色彩布置，以及刚柔并举的选材搭配。

(3) 雅致主义：注重品位，强调舒适和温馨，但又要求相对简洁的设计风格。文艺界、教育界的业主对雅致主义情有独钟。

(4) 新古典风格：此风格具备古典与现代的双重审美效果，完美的结合也让人们在享受物质文明的同时得到精神上的慰藉。

(5) 地中海风格：特点是在组合上注意空间搭配，选择自然柔和的色彩，充分利用每一寸空间，集装饰与应用于一体。

10.2　家具在室内环境中的作用

家具在室内环境中具有实用和美观双重功效，是维持人们日常生活、工作、学习和休息的必要设施。室内环境只有在配置了家具之后，才具备它应有的功能。特别是在建筑空间确定之后，家具便成为室内环境的主要构成因素和体现者，对于室内空间分隔与环境气氛创造有着极其重要的作用。

PPT讲解

10.2.1　明确使用功能，识别空间性质

建筑室内为家具的设计、陈设提供了一个限定的空间，在这个空间中，家具就是去合理组织安排室内空间的设计。不同的家具可以围合出不同用途的空间区域和组织出人们在室内的行动路线，如沙发、茶几、灯饰、组合电器及装饰柜，组成起居、娱乐、会客、休闲的空间；餐桌、餐椅、酒柜组成餐饮空间；整体化、标准化的现代厨房，组成备餐、烹饪空间；电脑工作台、书桌、书柜、书架，组成书房、家庭工作空间；会议桌、会议椅组合成会议空间；在一些宾馆大堂中，由于不希望有遮挡视线的分隔，但又要满足宾客的等待、会客、休息等功能要求，常常用沙发、茶几、地毯等共同围合成多个休息区域，在心理上划分出相对独立、不受干扰的虚拟空间，从而也改变大堂空旷的空间感觉。

10.2.2　分隔空间，丰富室内造型

在现代建筑中，框架结构的建筑越来越普及，建筑的内部空间越来越大、越来越通透，如具有通用空间的办公楼、具有灵活空间的标准单元住宅等，墙的空间隔断作用越来越多地被家具所替代。选用的家具一般都是具有适当高度和视线遮挡的作用，如整面墙的大衣柜、书架，或各种通透的隔断与屏风，大空间办公室的现代办公家具组合屏风和护围，组成互不干扰又互相连通的具有写字、电脑操作、文件储存、信息传递等多功能的办公单元，有效地利用了空间组合的灵活性，大大提高了室内空间的利用率，同时也丰富了建筑室内空间的造型。

10.2.3　装饰空间，营造空间氛围

家具是有实用性的艺术品，室内家具的材质、色彩、造型在室内空间中扮演着举足轻重的角色。任何一件家具都是为了一定的功能目的设计的，都将在室内空间中发挥不同的视觉效果，室内面貌在某种程度上被家具的造型、色彩和质地所左右。家具是体现室内气氛和艺术效果的主要角色。其本身造型和布置形式给室内环境带来了特定的艺术氛围和艺术效果，并且有相当大的观赏价值。如明代家具作为陈设艺术品，其使用功能已成为次要的，而精神功能成为主要的，它传达了一个民族文化的环境氛围。

不同的室内环境要求不同的家具造型风格来烘托室内气氛。空间大小由外部建筑环境决定，并不是每个界面都可以根据室内设计随意更改。室内设计应充分考虑空间大小以选择及布置家具。在一个较小的空间，家具尺寸不宜过大，否则会使原本不大的空间显得更沉闷、压抑。家具的布置可采用悬吊式，如厨房的吊柜；嵌入式，如衣柜。尽量减少家具密度，给人们提供更大、更方便的活动环境。而在一个较大的空间，家具尺度应相应增大，以削弱大空间给人们带来的空旷感。尺度较小的家具，与大的空间环境形成强烈反差，使整个室内环境极不协调。每一项室内设计都应符合环境的特定功能要求，根据这个空间的功能来选择家具。家具的设计与配置必须与室内空间设计相协调，满足人们的实用需求和精神需求，努力营造出和谐统一的完美的生活环境。

10.3 室内陈设设计

室内陈设设计是室内装饰设计的组成部分，是继家具之后的又一室内重要内容，其范围更加广泛，形式也是多种多样，随着时代的发展而不断变化。陈设艺术应用得当，可以创造舒适、温馨、和谐、丰富多彩的人性化空间，使居住者的心理和生理上都能得到满足，使得陈设艺术可以在一个整体的环境中完美呈现。

PPT讲解

10.3.1 常用的室内陈设品

1. 字画

我国传统的字画陈设表现形式有楹联、条幅、中堂、匾额，以及具有分隔作用的屏风、祭祀用的祖宗画像等，所用的材料也丰富多彩，如有纸、锦帛、木刻、竹刻、石刻、贝雕、刺绣等。我国传统字画至今在各类厅堂、居室中广泛应用，并作为表达民族形式的重要手段。西洋画的传入以及其他绘画形式，丰富了绘画的品类和室内风格的表现。字画是一种高雅艺术，也是广为普及和为居住者所喜爱的陈设品，可谓装饰墙面的最佳选择。字画的选择需要考虑内容、品类、风格以及幅画大小等因素，如现代派的抽象画和室内装饰的抽象风格十分协调。

2. 摄影作品

摄影作品是一种纯艺术品。由于摄影能真实地反映当地当时所发生的情景，因此某些重要的历史性事件和人物写照，常成为值得纪念的珍贵文物，因此，它既属于摄影艺术品，又是纪念品。摄影和绘画的不同之处在于摄影只能是写实的和逼真的。少数摄影作品经过特技拍摄和艺术加工，也有绘画效果，因此摄影作品的一般陈设和绘画基本相同。

3. 雕塑

瓷塑、钢塑、泥塑、竹雕、石雕、木雕、玉雕、根雕等是我国传统工艺品之一，题材广泛，内容丰富，流传于民间和宫廷，是常见的室内摆设。现代雕塑的形式更多，有石膏、合金等。雕塑反映了个人情趣、爱好、审美观念、宗教意识等，其感染力常胜于绘画。雕塑的表现还取决于光照、背景的衬托以及视觉方向。

4. 盆景

盆景在我国有着悠久的历史，是植物观赏的集中代表，被称为有生命的绿色雕塑。盆景的种类和题材十分广泛，一棵树桩盆景，老根新芽，充分表现植物的刚健有力、苍老古朴、充满生机；一盆浓缩的山水盆景，可表现崇山峻岭、湖光山色、亭台楼阁、小桥流水，千里江山，尽收眼底，可以得到神思卧游之乐。

5. 工艺美术品

工艺美术品的种类和用材更为广泛，有竹、木、草、藤、石、泥、玻璃、塑料、陶瓷、金属、织物等。有些本来就属于纯装饰性的物品，如挂毯之类。有些是将一般日用品进行艺术加工或变形而成，旨在发挥其装饰作用和提高欣赏价值，而不在实用。这类物品常有地方特色以及传统手艺，如不能用以买菜的小篮、不能坐的飞机等，常称为玩具。

6. 个人收藏品和纪念品

室内陈设的选择，往往以居住者个人的爱好为转移。不少人有收藏的爱好，如收藏邮票、钱币、字画、金石、钟表、古玩、书籍、乐器、兵器以及各式各样的纪念品、收藏品，这里既有艺术品也有实用品。这些反映不同爱好和个性的陈设，使室内空间各具特色。

7. 日用装饰品

日用装饰品是指日常用品中，具有一定观赏价值的物品。它和工艺品的区别是，日用装饰品，主要还是在于其实用性。这些日用品的共同特点是造型美观、做工精细、品位高雅，在一定程度上，具有独立欣赏的价值。因此，不但不必收藏起来，而且还要放在醒目的地方去展示它们。如餐具、烟酒茶用具、植物容器、电视音响设备、日用化妆品、灯具等。

8. 织物陈设

织物陈设，除少数作为纯艺术品外，如壁挂、挂毯等，大量作为日用品装饰，如窗帘、台布、桌布、床罩、靠垫、家具等蒙面材料。它的材质形色多样，使用灵活，便于更换，使用极为普遍。由于它在室内所占的面积比例很大，对室内效果影响极大，因此是一个不可忽视的重要陈设。

10.3.2　陈设品的选择

现代室内陈设品的品种、功能非常广泛。诸如此类的室内陈设品，它布置在室内时，最值得我们重视的是要考虑室内设计的整体美学效果。这是选择室内陈设品的关键所在。

在设计时不但要确定艺术品的造型和放置位置，还应对它的主题和表现手法提出具体要求，以反映空间的个性和氛围。那么，对于室内陈设品的选择应考虑哪些因素呢？

(1) 陈设品的造型和图案要与室内风格相协调，如图10-8所示。对陈设品质感的选择应从室内整体效果出发，不可杂乱无序。原则上，同一空间宜选相同或类似的陈设品以取得统一的效果。

(2) 陈设品的色彩要与室内色调相和谐，如图10-9所示。大陈设品的色彩在环境中主要起到活跃室内气氛的作用。所以大部分陈设品处于"强调色"的地位，其他一些大面积的织物装饰品如窗帘、地毯等可作为背景色。这类陈设品宜选择一些有统一感，与室内本身的环境相协调的色彩。这样，环境中有了背景色、强调色的相互巧妙搭配，室内空间就显得丰富活泼。

(3) 对陈设品材质的选择要慎重，因为不同材质和肌理的陈设品，会给人带来不同的视觉和心理感受，如木质——自然，石材——粗糙，玻璃、金属——光洁，如图10-10所示。

图10-8 与室内风格相协调的陈设品

图10-9 与室内色调相和谐的陈设品

图10-10 材料肌理感知

(4) 陈设品的布置方式要以保证室内空间交通线路的通畅为原则。

(5) 应考虑陈设品的文化特征。不同地域、不同职业、不同文化程度、不同爱好的人，对陈设品的民族文化特征的选择各不相同，可以说对它的选择最能体现设计者与室内居住者的个性品质和精神内涵。

另外需要注意的是，在布置室内陈设品时，应考虑对陈设品的保护问题。例如，布置油画、粉画等的场所需要防潮、防阳光曝晒和直射；草编工艺品则应布置在不受阳光久晒的地方，以免变色发脆；布置玻璃器皿、陶瓷制品时要注意防跌，避免震动，要安全。

10.3.3　陈设方法

1. 墙面陈设

客厅装饰的重点在于墙面，墙面陈设以不具有体积感的美术作品和工艺品为主要陈设对象。

(1) 组合式。如图10-11所示，这是一组组合式陈设，由一组画进行装饰，装饰中心是一幅主画，这样能起到突出中心、主次分明的视觉效果。

图10-11　组合式陈设

(2) 错落式。如图10-12所示，这是一种以错落式画框来装饰墙面的方法。画框大小凭借几何图案的原理，既突出整体的效果，又具有单个叙述的功能。

(3) 平行式。如图10-13所示，这是平行式陈设，以平行排列方式的图案来进行装饰，效果简洁明了，爽利干脆。当然排列方式可变，既可平行，也可竖挂，总之这种方式在构图上含有古典的对称工整的意味。值得注意的是，这类图画的内容选择尽量轻松活泼，写意的因素多于工笔，这样会不经意地对规整的装饰起到一定的颠覆作用。

图10-12　错落式陈设

图10-13　平行式陈设

　　(4) 格架式。如图10-14所示，将一个现代化格架安装在墙面上，强化墙面的装饰作用。格架形状可以是传统的，即多边且多变的博古架；也可以是现代的，即边线统一、拒绝变化。格架式适合单独或综合陈列数量较多的书籍、古董、工艺品、纪念品、器皿和玩具等陈设品。

图10-14　格架式陈设

2. 桌面陈设

桌面上的陈设布置往往依据功能的需要和家具的造型及特征进行设计，选用与家具面形状、色彩和质地相协调的陈设物，不仅能起到画龙点睛的作用，往往还能烘托气氛，营造特殊的空间效果。

适用于桌面陈设的陈设品包括灯具、烛台、茶具、咖啡具、烟具等器物，以及雕刻、玩具、插花等艺术或工艺品，如图10-15所示。

图10-15　桌面陈设

3. 落地陈设

落地陈设(见图10-16)一般是大型陈设物，如雕塑、古董瓷物、绿化盆景、灯具等，常直接布置在地上，以其体量和造型引人注目。应当注意的是，大型落地陈设不应妨碍正常工作和交通，而且最好也不要形成仰视的视觉效果。

4. 悬挂陈设

悬挂陈设一般在空间层高的厅室里进行，常悬挂抽象金属雕塑、吊灯等，以弥补空间空旷不足为目的。图10-17所示为悬挂陈设，灯具的造型和光照的角度吸引人们的视线，并通过光源、灯具的色彩和造型，丰富了空间形象。

图10-16　落地陈设

图10-17　悬挂陈设

本章小结

室内设计的目的是创造一个更为舒适的工作、学习和生活环境。由于家具是建筑室内空间的主体，人类的工作、学习和生活在建筑空间中都是以家具来演绎和展开的，无论是生活空间、工作空间、公共空间，在建筑室内设计上都要把家具的设计和配套放在首位，然后再依次考虑天花板、地面、墙、门、窗各个界面的设计，加上灯光、布艺、艺术品陈列、现代电器的配套设计，综合运用现代人体工学、现代美学、现代科技的知识，为人们创造一个功能合理、完美和谐的现代文明的室内空间。

(1) 家具在室内环境中的作用是什么？

(2) 陈设方法有哪些？

实训课题：总结陈设品的种类，对其在各个空间的作用进行分析。

内容：灵活掌握所学知识，对不同使用功能的室内空间分别进行陈设设计。

要求：分别画出效果图并结合效果图写出设计说明，说明需阐明设计思路、设计原理等内容，有理有据、观点鲜明。

第11章

室内环境材料设计

学习要点及目标

● 了解室内装饰材料的分类。
● 掌握室内装饰材料的基本要求。

本章导读

　　室内装饰材料是指用于建筑内部墙面、顶棚、柱面、地面等的罩面材料。现代室内装饰材料，不仅能改善室内的艺术环境，使人们得到美的享受，同时还兼有绝热、防潮、防火、吸声、隔音等多种功能，起着保护建筑物主体结构、延长其使用寿命以及满足某些特殊要求的作用，是现代建筑装饰不可缺少的一类材料。

11.1　室内装饰材料的分类

　　装饰材料分为两大部分：一部分为室外装饰材料，一部分为室内装饰材料。室内装饰材料则分为实材、板材、片材、型材、线材五个类型。

11.1.1　实材

PPT讲解

　　实材也就是原材，如图11-1所示，主要是指原木及原木制成的规方。常用的原木有杉木、红松、榆木、水曲柳、香樟、椴木，比较贵重的有花梨木、榉木、橡木等。在装修中所用的木方主要由杉木制成，其他木材主要用于配套家具和雕花配件。在装修预算中，实材以立方为单位。

11.1.2　板材

　　最早的板材是木工用的实木板，用作打制家具或其他生活设施。在科技发展的现今板材的定义很广泛，在家具制造、建筑业、加工业等都有不同材质的板材。现在通常做成标准大小的扁平矩形建筑材料板，作墙壁、天花板或地板的构件，也多指锻造、轧制或铸造而成的金属板。

图11-1　实材

　　常用的板材按成分分类可分为：实木板、夹板、装饰面板、细木工板、刨花板、密度板、防火板、三聚氰胺板、碎木板、木丝板、胶合板、木塑板等。
　　实木板即采用完整的木材制成的木板材。这些板材坚固耐用、纹路自然，是装修中的优

中之选。但由于此类板材造价高，而且施工工艺要求高，在装修中使用得反而并不多。实木板一般按照板材的实质名称分类，没有统一的标准规格。除了地板和门扇会使用实木板外，一般所使用的板材都是人工加工出来的人造板。

夹板，也称胶合板，行内俗称细芯板。夹板由三层或多层一毫米厚的单板或薄板胶贴热压制而成，是目前手工制作家具最为常用的材料。夹板一般分为3厘板、5厘板、9厘板、12厘板、15厘板和18厘板六种规格(1厘即为1 mm)。

装饰面板，俗称面板，是将实木板精密刨切成厚度为0.2 cm左右的微薄木皮，以夹板为基材，经过胶粘工艺制作而成的具有单面装饰作用的装饰板材。它是夹板存在的特殊方式，厚度为3厘。

细木工板，俗称大芯板，是由两片单板中间粘压拼接木板而成。大芯板的价格比细芯板要便宜，其竖向(以芯材走向区分)抗弯压强度差，但横向抗弯压强度较高。

刨花板是以木材碎料为主要原料，再掺加胶水、添加剂经压制而成的薄型板材。按压制方法可将其分为挤压刨花板、平压刨花板两类。此类板材的主要优点是价格极其便宜。其缺点也很明显，即强度极差，一般不适宜制作较大型或者有力学要求的家私。

密度板，也称纤维板，是以木质纤维或其他植物纤维为原料，施加脲醛树脂或其他适用的胶粘剂制成的人造板材，如图11-2所示。按其密度的不同，可将其分为高密度板、中密度板、低密度板。密度板由于质软耐冲击，容易再加工。在国外，密度板是制作家私的一种良好材料，但由于我国关于密度板的标准比国际的标准低数倍，所以使用质量还有待提高。

图11-2 密度板

防火板是以硅质材料或钙质材料为主要原料，与一定比例的纤维材料、轻质骨料、黏合剂和化学添加剂混合，经蒸压技术制成的装饰板材。它是越来越多使用的一种新型材料，其使用不仅仅是因为防火的因素。防火板的施工对于粘贴胶水的要求比较高，质量较好的防火板价格比装饰面板要贵。防火板的厚度一般为0.8 mm、1 mm和1.2 mm。

三聚氰胺板，全称是三聚氰胺浸渍胶膜纸饰面人造板，是一种墙面装饰材料。其制造过程是将带有不同颜色或纹理的纸放入三聚氰胺树脂胶粘剂中浸泡，然后干燥到一定固化程度，将其铺装在刨花板、中密度纤维板或硬质纤维板表面，经热压而成。

碎木板是用木材加工的边角作余料，经切碎、干燥、挂胶、热压而成。

木丝板又名万利板，是利用木材的下脚料，经机器刨扬木丝，经过化学溶液的浸透，然后掺和水泥，入模成型加压、凝固、干燥而成。

胶合板是由三层以上单板胶合而成，按树种可分为阔叶树材胶合板和针叶树材胶合板两种。

木塑板材是采用热熔塑胶，包括聚乙烯、聚丙烯、聚氯乙烯作为胶粘剂，用木质粉料如木材、农植物秸秆、农植物壳类物粉料为填充料，通过先进的工艺设备生产出的高科技产品。其制品拉伸强度、弯曲强度、弯曲模量、冲击强度、维卡软化温度均达到或优于国际先进标准。木塑制品具有无毒、耐腐防潮、隔音保温、耐气候、耐老化等优点，可像木材一样锯、刨、钉、钻、铆，可代替现市场上有毒气污染的装修、装饰材料。

11.1.3　片材

片材主要是把石材及陶瓷、木材、竹材加工成块的产品。石材以大理石、花岗岩为主，其厚度基本上为15～20 mm，品种繁多，花色不一。陶瓷加工的产品也就是我们常见的地砖及墙砖，可分为六种：釉面砖(见图11-3)，面滑有光泽，花色繁多；耐磨砖，也称玻璃砖，防滑无釉；仿大理石镜面砖，也称抛光砖，面滑有光泽；防滑砖，也称通体砖，暗红色带格子；马赛克；墙面砖，基本上为白色或带浅花。

图11-3　釉面砖

木材加工成块的地面材料品种也很多，价格以材质而定。其材质主要为：柞木、香樟、白桦、杉木、榉木、花梨木、樱桃木、橡木、柚木、柳桉等。在装修预算中，片材以平方米为单位。

柞木，其木材比重大，质地坚硬、收缩大、强度高；结构致密，不易锯解，切削面光滑，易开裂、翘曲变形，不易干燥；耐湿、耐磨损，不易胶接，着色性能良好。

香樟，其木材具有香气，能防腐、防虫；材质略轻，不易变形，加工容易，切面光滑、有光泽，耐久性能好，胶接性能好；油漆后色泽美丽。

白桦，其材质略重而硬，结构细致、力学强度大、富有弹性；干燥过程中易发生翘曲及干裂，胶接性能好，切削面光滑；耐腐性较差，油漆性能良好。

杉木，其材质轻软，易干燥，收缩小，不翘裂，耐久性能好，易加工；切面较粗，强度中强，易劈裂，胶接性能好，是南方各省家具、装修用得最普遍的中档木材。

榉木，其材质坚硬，纹理直，结构细、耐磨，有光泽，干燥时不易变形，加工、涂饰、胶合性较好。

花梨木，其材质坚硬，纹理直且较多，结构中等，耐腐蚀，不易干燥，切削面光滑，涂饰、胶合性较好。

樱桃木密度中等，具有良好的木材弯曲性能，较低的刚性，中等的强度及抗震动能力；机械加工容易，钉子及胶水固定性能良好，砂磨、染色及抛光后产生极佳的平滑表面。另外樱桃木干燥时收缩量颇大，但是烘干后尺寸稳定。

橡木坚硬沉重，具有中等抗弯曲强度及刚性，断裂强度高，具有极好的抗蒸汽弯曲性能。南方红橡比北方红橡生长迅速，且木质较硬及较重。橡木的机械加工性能良好，其钉子及螺钉固定性能良好，染色及抛光后能获得良好表面，是广泛使用的木材品种。

柚木颜色自蜜色至褐色，久而转浓，心材似榉木，而色稍浓。膨胀收缩为所有木材中最少之一。柚木具有高度耐腐性、在各种气候下不易变形、易于施工等多种优点。

柳桉材质轻重适中，纹理直或斜而交错，结构略粗，易于加工，胶接性能良好；干燥过程中稍有翘曲和开裂现象。

11.1.4 型材

型材是铁或钢以及具有一定强度和韧性的材料如塑料、铝、玻璃纤维等通过轧制、挤出、铸造等工艺制成的具有一定几何形状的物体，如图11-4所示，主要是钢、铝合金和塑料制品。其统一长度为4 m或6 m。钢材用于装修方面的主要为角钢，然后是圆条，最后是扁铁，还有扁管、方管等，适用于防盗门窗的制作和栅栏、铁花的造型。铝材用于装修方面的主要为扣板，宽度为100 mm，表面处理均为烤漆，颜色分红、黄、蓝、绿、白等。铝合金材主要有两个颜色，一为银白，一为茶色，不过现在也出现了彩色铝合金，它的主要用途为门窗料。铝合金扣板宽度为110 mm，在家庭装修中，也有用于卫生间、厨房吊顶的。塑料扣板宽度为160 mm、180 mm、200 mm，花色很多，有木纹、浅花，底色均为浅色。现在塑料开发出的装修材料有配套墙板、墙裙板、门片、门套、窗套、角线、踢脚线等，品种齐全。在预算中，型材以根为单位。

图11-4 型材

11.1.5 线材

线材主要是指木材、石膏或金属加工而成的产品。

(1) 木材线种类很多，长度不一，主要由松木、梧桐木、椴木、榉木等加工而成。木材线品种有：指甲线(半圆带边)、半圆线、外角线、内角线、墙裙线、踢脚线(见图11-5)、雕花线等。宽度小至10 mm(指甲线)，大至120 mm(踢脚线、墙角线)。

(2) 石膏线分平线、角线两种，一般都有欧式花纹。平线配角花，宽度为5 cm左右，角花大小不一；角线一般用于墙角和吊顶级差，大小不一，种类繁多。

(3) 金属线指不锈钢、钛金板制成的槽条或包角线等，长度为1.4 m。在装修预算中，线材以米为单位。

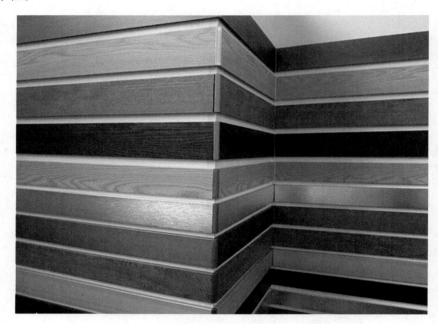

图11-5　踢脚线

11.2　装饰材料的基本要求

室内装饰的艺术效果主要由材料及做法的质感、线型及颜色三方面因素决定，也即常说的建筑物饰面的三要素，这也可以说是对装饰材料的基本要求。

11.2.1 质感

任何饰面材料及其做法都将以不同的质地感觉表现出来，如结实或松软、细致或粗糙等。坚硬而表面光滑的材料(如花岗石、大理石)给人以严肃、有力量、整洁之感；富有弹性而松软的材料(如地毯及纺织品)则给人以柔顺、温暖、舒适之感。同种材料不同做法也可以取得不同的质感效果，如粗犷的集料外露混凝土和光面混凝土墙面呈现出迥然不同的质感。饰面的质感效果还与具体建筑物的体型、体量、立面风格等方面密切相关。粗犷质感的饰面材料及做法用于体量小、立面造型比较纤细的建筑物就不一定合适，而用于体量比较大的建筑物效果就好些。另外，外墙装饰主要看远效果，材料的质感相对粗些无妨。室内装饰多数是在近距离内观察，甚至可能与人的身体直接接触，通常采用质感较为细腻的材料，如图11-6所示。

图11-6　材料质感

11.2.2　线型

一定的分格缝、凹凸线条也是构成立面装饰效果的因素。抹灰、刷石、天然石材、混凝土条板等设置分块、分格，除了为防止开裂以及满足施工接茬的需要外，也是装饰立面在比例、尺度感上的需要。例如，目前多见的本色水泥砂浆抹面的建筑物，均采取划横向凹缝或用其他质地和颜色的材料嵌缝，如图11-7所示，这种做法不仅克服了光面抹面质感平乏的缺陷，同时还可使大面积抹面颜色欠均匀的感觉减轻。

图11-7 材料线型

11.2.3 颜色

家具是有实用性的艺术品，室内家具的材质、色彩、造型在室内空间中有着举足轻重的作用。装饰材料的颜色丰富多彩，特别是涂料一类的饰面材料。改变建筑物的颜色通常要比改变其质感和线型容易得多，因此，颜色是构成各种材料装饰效果的一个重要因素。

不同的颜色会给人以不同的感受，利用这个特点，可以使建筑物分别表现出质朴或华丽、温暖或凉爽、向后退缩或向前逼近等不同的效果，同时这种感受还受到使用环境的影响。如图11-8所示，白灰色调在炎热气候的环境中显得凉爽安静，但如在寒冷地区则会显得阴冷压抑。

图11-8 材料颜色

11.3 装饰材料的选择

装饰材料的选择，需要考虑六项内容。

PPT讲解

11.3.1 建筑类别与装饰部位

不一样的空间有着不一样的功用，如客厅、卧室、大堂、单位、医院、舞厅、餐厅、厨房、卫生间等，对装饰材料的选择也各有不一样的要求。不一样的装饰部位，如电视墙、玄关、立柱、墙面、地上、顶面等，对材料的选择也不一样。

电影院等空间，装饰材料的外表可粗犷、稳固，挑选大线条形表面，要有立体感。其材料的自身还应具有一定的隔声、吸声的功能。

餐厅饭馆的客流量大且不易清洁，挑选的材料应具有耐磨、耐擦拭、质感牢固而外表润滑等特性。

医院是整齐而安静的空间，宜选用新鲜、明快、淡颜色的材料，其材料自身要富有弹性、防滑、质地较软。

室内寓居环境中面积较大的空间，宜选用深颜色和有较大图画的材料，以防给人空阔的感受；而面积较小的空间，则宜选用浅颜色、质感细腻和有拉大空间作用的材料。如图11-9所示，卧室属于私密性空间，颜色宜淡雅亮堂，但应防止激烈反光，选用亚光漆、墙纸、墙布等装饰材料为佳。客厅属于公共区域，相对人流大，活动时间长。尘埃、烟气等都大于别的寓居空间，应挑选具有牢固、易擦拭等功用的材料。

图11-9　淡雅的卧室空间

11.3.2 场地与空间

在室内设计中，根据室内不同场地和空间功能的不同，选择不同的装饰材料来烘托环境气氛是很有必要的。例如室内大厅是家庭成员交谈和活动的场所，就需要在环境的营造上体现出愉悦和快乐的气氛；卧室主要用于休息和睡觉，在设计的过程中，就应该使其具有一定的私密性,从而使居住者能够有良好的睡眠环境和充足的私密空间;对于卫生间和厨房,则需要设计得简洁和明亮。同样,在展厅等空间设计中,需要根据不同的主题、人群进行配色。例如,用于青少年教育的主体空间,就会选择比较清新、明快的颜色,并且局部通过搭配选择,营造神秘感。这些都与选择装饰材料的色彩、质地和纹理有着密切的联系。

11.3.3 地域与气候

不一样的地域有着不一样的气候,特别是温度、湿度等状况,对材料的选择有极大的影响。中国南北方的气候存在显著区别,南边区域气候湿润,应当选用含水率低、复合元素多的装饰材料。由于南边区域气候酷热,还应多挑选一些有冷感的材料。而北方区域则恰好相反。水泥地坪及石类、砖类的散热比较快。在北方区域的采暖空间中,使用水泥、石、砖等地坪会使人感受太冷,从而影响了人的舒服感。所以北方区域的地面装饰多选用实木地板、复合地板、塑料地板、地毯等,其热传导低,使人感到温暖、舒服。绿、蓝、青、紫等属于冷色系,给人以清凉的感受;橙、红、黄等则属于暖色系,给人以温暖的感受。在南边区域,材料的颜色应以冷色系为主;相反,北方应以暖色系为主。

特别的空间,应根据其功用来挑选材料的颜色,如冷饮店应多选用冷颜色,冷库则应多选用暖颜色。材料色卡如图11-10所示。

图11-10　材料色卡

11.3.4 民族性

东南亚地区大部分气候湿热,雨量大,气温高,盛产棕榈及其他热带林木。当地的民居为适应气候的特点,把底层架空以利于通风散热。例如苏门答腊的巴塔克式民居以重木和棕榈建造,用木构架楔榫连接,坡顶的山墙两端可以通风,山墙上做彩色编织的席盖和竹篦。马来西亚的民居全部结构建在离开地面的支柱上,用棕榈叶覆盖陡斜的屋面,墙身用树皮或者木板制作。

11.3.5 经济性

从经济性的视点考虑挑选装饰材料，是一个整体观念，既要考虑装饰时的出资，也要考虑日后的修理费用以及修理带来的不便。

在重要装修项目上，可以考虑加大投资，以延长使用年限。例如，隐蔽工程中的水路、电路，材料质量和安全要求相当高，对此就应该加大投资，使用高质量符合国家标准的管线等材料。

11.3.6 材料污染和伤害

在装饰装修工程中，一些装修材料会散发出挥发性的化合物，这些化合物在空气中会造成空气污染，而人如果吸入了混合有这些化合物的空气，会对身体健康造成非常大的危害。在装饰装修工程中所用到的装饰材料散发出来的化合物会导致室内空气污染，从而影响居住者的身体健康，本文将探讨污染物可能产生危害的类型和如何进行预防的方法，希望广大读者对此能够提起高度重视，尽量避免遭受室内空气污染的伤害。

1. 造成空气污染的主要物质

(1) 甲醛。室内装饰装修材料中很多都会释放出甲醛，如室内的胶合板、细木工板、中密度纤维板和刨花板等，主要原因是这些板材的黏合剂是脲醛树脂和酚醛树脂，而甲醛是制造这两种树脂的主要原料。经过粘接的板材，会有部分黏合剂残留在板材上，这些黏合剂并没有完全发生反应，它们会逐渐向周围环境释放甲醛，释放期可长达十年。暴露在空气中的甲醛挥发在室内，与空气中的其他气体混合，成为空气中的主要气体，从而使室内空气变为污染性空气。产生这种情况的原因一方面是受黏合剂生产工艺限制，甲醛仍是其主要原料；另一方面是由于部分建筑材料不达标，粗制滥造，板材粘接使用的黏合剂中甲醛含量超标，从而导致甲醛等物质含量过高。

(2) 苯系物。装饰装修材料中的苯系物一般存在于有机溶剂中，是一种常见的化学添加剂。比如，常见的油漆、涂料和稀释剂中都会含有苯系物，而且一些质量不达标的家具也可能会产生挥发性的苯系物。另一类苯系物是芳香烃，在板材、壁纸类的建筑装饰材料中经常会含有芳香烃化合物，这些化合物具有易挥发的特点，也属于空气污染物。而且，很多材料释放污染物的时间可以持续一年及以上，部分水包油类的涂料就存在这样的弊端。

(3) 氨。氨主要来源于建筑物主体材料，例如，混凝土中的添加剂中就含有氨水。这些含有氨水的添加剂，在建筑物中随着时间、温度、湿度等环境因素的变化挥发产生氨气，氨气释放在空气中会对人的身体健康造成很大危害。

(4) 氡和镭。在混凝土和天然石材中，存在氡和镭这两种化学元素。这两种元素属于放射性元素，它们会在衰变过程中形成放射性物质，并且国际相关机构将氡这种放射性物质认定为致癌物质。装饰装修材料常用到大理石和花岗石等建筑板材产品，这些天然石材中放射性元素的含量因产地不同而有所区别。

2. 建筑材料室内污染对人体的危害

在室内装饰装修工程中，各种装修材料可能会释放出的危害人体健康的物质为：板材黏合剂中释放出来的甲醛、有机溶剂中添加的苯系物、混凝土中氨水转化而来的氨气以及混凝土和天然石材中包含的放射性物质氡和镭。前三类物质危害人体的方式基本相同，也就是通过散发出来的气体与空气融合，而人体吸入这些含有有害物质的空气之后，直接作用于某些器官或通过血液流通等渠道影响人们的各方面机能，使人体受到损害并产生相应的疾病。如果空气中有害物质含量过高，并且室内空气流通不畅，则可能使人体中毒，导致皮炎、呼吸困难、休克等，严重的可导致造血系统疾病，如白血病。

放射性元素氡和镭对人体的危害非常大，会使人体神经衰弱，并且可能会影响到人体的生殖系统，还可能使免疫系统受到侵害，降低人体的免疫力，长时间影响下会造成骨髓和造血组织的严重破坏。

3. 减少室内空气污染以及预防空气污染对人体的危害的措施

(1) 制定建材室内空气污染评价标准。当前，我国对于室内空气质量研究不足，仍然处于不断摸索阶段，对于建筑装饰装修工程中散发出来的气体没有一个明确的评价机制，但是，随着人们生活水平的提高，越来越多的人开始重视装饰装修工程中散发出来的气体对人身体健康的危害，希望能够得到有效的解决办法。因此，为了尽快解决人们的忧虑，降低室内空气污染，我国空气方面的专家必须制定出一套全面的确切的评价标准和方法，使所有住户在选择建筑装修材料时可以有针对性，并且可以做到有效地预防空气污染对人体造成的危害。

(2) 出台建材环保标准并不断完善和更新。随着经济的飞速发展，人们的生活水平得到了很大程度上的提高，人们的环保意识也越来越强，原有的建筑装修材料已经不能完全满足人们的需求。并且，当前我国所具有的环保标准没有与时俱进，与当前建筑装修材料无法完全适应。因此为了降低空气污染，提高空气质量，保证居住者的身体健康，我国相关部门应该尽快出台建材环保标准，并对标准不断进行完善和更新，做到与时俱进，紧跟国际高标准的步伐。

(3) 加大处罚力度，严查假冒伪劣产品。很多建筑装饰装修材料之所以会散发出有毒有害的气体，一部分原因是建筑材料本身就是假冒伪劣的商品。这些商品无论是从质量上还是从生产工艺上都是不达标的，但是不良商家为了追求个人利益最大化而牺牲广大民众的利益，危害他人的健康，将劣质材料引入市场，并使其在市场中不断流通。为了制止这种做法，政府必须出台相应的政策，严厉打压和治理不法商贩，遏制劣质材料在市场中流通。

(4) 延长新建或新装修的房屋通风放置的时间。所有新建好或新装修完的房屋，由于建筑材料中或多或少地含有有毒有害的物质，没有充分挥发出来，将会随着时间的推移不断释放出来，只要将有害气体充分挥发之后再进入房间居住，便可以有效避免对人体的危害。因此当房屋刚建好或刚装修完，最好过很长一段时间再居住，根据实际情况的不同，放置时间要在一个月及以上。如果不急于居住，放置时间越久，则有害气体挥发得越完全，半年以上的放置时间为最佳。另外，加强室内通风也可在一定程度上降低室内空气中有毒物质的含量。

在整个建筑工程中，室内装饰材料占有极其重要的地位，建筑装饰装修材料是集材性、艺术、造型设计、色彩、美学为一体的材料，也是品种门类繁多、更新周期最快、发展过程最为活跃、发展潜力最大的一类材料。其发展速度的快慢、品种的多少、质量的优劣、款式的新旧、配套水平的高低决定着建筑物装饰档次的高低，对美化城乡建筑、改善人们居住环境和工作环境有着十分重要的意义。

(1) 从哪几个方面去分析装饰材料？
(2) 装饰材料的分类有哪些？

实训课题：针对餐饮空间进行装饰材料的运用

内容：灵活掌握所学知识，对不同装饰材料进行分析，找出适合餐饮空间的装饰材料。

要求：分别画出效果图并结合效果图写出设计说明，说明需阐明设计思路、设计原理等内容，有理有据、观点鲜明。

第12章

室内环境设计思维方法的创新

学习要点及目标

- 了解室内环境设计创新思维的准备过程。
- 掌握室内环境设计创新思维的设计方法。

本章导读

创新是室内环境设计的灵魂。如何正确地启发创新思维，有效地把握创新思维的过程，掌握创新思维的方法从而对创新思维进行完整的表达，是室内环境设计领域需要不断研究发展的永恒课题。

12.1 创新思维的准备

创新思维的准备过程是创新的重要阶段，可以通过对资料的收集、手绘草图等形式获得设计灵感。

PPT讲解

12.1.1 相关资料的收集

资料的收集对于室内环境设计师来说相当重要，一定量的积累才会引起质的飞跃，足够多的资料收集才能为设计工作提供必要的保证。

1. 文字

优美抒情的文字可以激发出创意的火花，为设计师提供了无限的想象空间，设计师可以通过想象把有限的文字转化成生动而又鲜活的艺术形态。众所周知，贝聿铭创作的"滋贺县美术馆"就是从陶渊明的《桃花源记》一文中获得的灵感。

2. 图片

商业广告、各类摄影作品等不同类别的图片都可以成为设计的创作源泉，通过对每张图片的观察、感受可以获得大量的、直接的、有价值的信息。

3. 速写

速写可以快速地将需要的设计形象记录下来，是收集第一手素材的有力工具，它所记录的形象具有真实、生动、快速的特点。以速写手法收集的素材具有很强的现场感并带有鲜明的特色和丰富的感情色彩。

4. 影像

影像是以动态的形式记录的资料，具有很强的连贯性、真实性、客观性和感染力。

12.1.2 手绘草图

随着社会的发展、科技的进步，人们记录、表现艺术创作的工具与手法也在不断地更新，但手绘草图依然被广泛使用并占有重要地位，是设计快速表现的最佳方式，是捕捉创意灵感的最有效便捷的工具。草图的绘制过程中存在很多的不确定性，在不断地调整、修改过程中可能会随时产生新的灵感，设计者可以在动态的变化中不断追求创新。著名设计师伍重就是因为一张手绘草图中标悉尼歌剧院而一举成名。

12.2 创新设计思维的方法

掌握创新设计思维的方法是设计中的重要环节之一，通过设定的不同主题和无限联想可以拓展思维空间，激发作品的艺术性。

12.2.1 主题多元化

PPT讲解

1. 以文字确定设计的主题

文字是用来表达思想的代表某种意义的特定符号。经过长期的发展演变，文字已经成为最成熟的表达思想的手段，其记录快速、全面、明确，记录内容具有发展性，对其可作补充、修改、提炼，以达到最佳效果。

2. 以图形确定设计的主题

图形图案成为人们思维表达的一种习惯，如蒙特里安创作的几何图形。图形已对人们思维的形成起到了至关重要的作用，是人们思维表达的手段之一，影响且引导人们的思维。

3. 以色彩确定设计的主题

人们通过色彩进行记忆、联想、辨别和研究，并不断显示出相应的感情反应。人们对色彩从认识到感受，渐渐习惯利用色彩来辨别事物和表达思想。设计者要善于用色彩鲜明的个性来展现居住者的个性。

4. 以材质确定设计的主题

材质作为一种十分重要的设计元素，在设计表达过程中起到的作用是长期、有效的。设计者可以根据材料所具备的物理、化学特性，合理地选择、搭配合适的材料展开创意，从而使设计的功能、外观要求得到满足。

5. 以风格确定设计的主题

风格是一种有意图的空间布局、构造及美学表现，设计者有意识地调动各种元素，使之融合在一起形成特有的设计形式。室内环境设计的风格繁多，可根据室内空间的使用功能和居住者的喜好进行选择。

6. 以样式确定设计的主题

样式其实是风格的具体表现形式，如传统风格可分为古罗马样式、文艺复兴样式、巴洛克样式、洛可可样式、古典主义样式等。

7. 以照明确定设计的主题

在室内环境设计中，照明不仅可以满足人们视觉功能的需要，而且是重要的美学因素。室内装饰需要用照明的艺术魅力充实和丰富，利用照明设计可创造一个立体的、美观的、科学的、实用的艺术空间。

8. 以部位确定设计的主题

不同的空间部位组合在一起形成室内空间，空间部位在整个空间中起到充实空间内涵、丰富空间层次、创造室内气氛、满足使用功能和精神要求的作用。以部位确定设计的主题是对空间内部一个或多个部位的空间定位，影响整个室内装饰的风格与效果。

9. 以地域文化确定设计的主题

以地域文化确定设计的主题是指在室内环境设计上吸收当地的、民族的、本地域历史遗留的文化痕迹，形成具有当地特色的、符合当地居住者审美的室内装饰风格。

12.2.2 无限联想

联想思维是指在人脑内记忆表象系统中由于某种诱因使不同表象发生联系的一种思维活动。联想思维和想象思维可以说是一对孪生姐妹，在人的思维活动中都起着基础性的作用。

在创新过程中运用概念的语义、属性的衍生、意义的相似性来激发创新思维的方法，它是打开沉睡在头脑深处记忆的最简单和最便宜的钥匙。

联想思维的特征如下。

(1) 连续性。联想思维的主要特征是由此及彼，连绵不断地进行，可以是直接的，也可以是迂回曲折地形成闪电般的联想链，而联想链的首尾两端往往是风马牛不相及的。

(2) 形象性。由于联想思维是形象思维的具体化，其基本的思维操作单元是表象，是一幅幅画面，所以，联想思维和想象思维一样显得十分生动，具有鲜明的形象。

(3) 概括性。联想思维可以很快把联想到的思维结果呈现在联想者的眼前，而不顾及其细节如何，是一种整体把握的思维操作活动，因此可以说有很强的概括性。

本章小结

创新是现今所有专业领域中都不断追求的发展精神与工作效果。在室内环境设计领域，设计者力求通过对室内环境设计创新思想与表达的研究，从创新思维的过程、方法与表达方式的角度开辟一条室内环境设计的有效途径。通过对设计创新思维问题的探讨与研究，可以改变我们思考问题的单一方法与模式，培养并掌握分析问题与解决问题的多种能力，指导今后的设计工作。

思考题

(1)创新思维需要从哪几方面进行准备?
(2) 创新设计思维的方法是什么?

课堂实训

实训课题：设计一个主题概念室内空间
内容：利用本章学习的创新思维的方法，设计任意主题、形式的室内空间。
要求：视角自定，有自己的创意，A4纸手绘上色完成。

参 考 文 献

[1] 张葳，李海冰. 室内设计[M]. 北京：北京大学出版社，2010.

[2] 张玉明. 环境行为与人体工程学[M]. 北京：中国电力出版社，2011.

[3] 卢升高. 环境生态学[M]. 杭州：浙江大学出版社，2010.

[4] 陈静，李大俊，张莹，等. 室内软装设计[M]. 重庆：重庆大学出版社，2015.

[5] 曹祥哲. 室内陈设设计[M]. 北京：人民邮电出版社，2015.

[6] 高海燕. 住宅室内设计[M]. 北京：中国水利水电出版社，2011.

[7] 诺曼. 设计心理学[M]. 北京：中信出版社，2015.

[8] 刘敦桢. 中国住宅概说[M]. 武汉：华中科技大学出版社，2018.

[9] 田园. 室内陈设艺术与环境装饰[M]. 北京：清华大学出版社，2013.

[10] 雷雨. 室内陈设品形态选择的视觉感知影响研究[D]. 南京：东南大学，2017.

[11] 高阳. 中外装饰艺术史[M]. 北京：中国水利水电出版社，2017.

[12] 刘刚田. 室内设计原理与方法[M]. 北京：北京大学出版社，2016.

[13] 任康丽. 家具与陈设艺术设计[M]. 武汉：华中科技大学出版社，2015.

[14] 李江军. 软装设计手册[M]. 北京：中国电力出版社，2016.

[15] 熊建新. 室内陈设新思维[M]. 南昌：江西美术出版社，2011.